U0733581

道理之力

THE
POWER OF
SENSING AND
REASONING

禾一 ◎ 著

中国纺织出版社有限公司

图书在版编目（CIP）数据

道理之力 / 禾一著. --北京：中国纺织出版社有
限公司，2024.3
ISBN 978-7-5229-1342-1

Ⅰ.①道… Ⅱ.①禾… Ⅲ.①成功心理－通俗读物
Ⅳ.①B848.4-49

中国国家版本馆CIP数据核字（2024）第032932号

责任编辑：顾文卓　　　　　特约编辑：武亭立
责任校对：王蕙莹　　　　　责任印制：储志伟

中国纺织出版社有限公司出版发行
地址：北京市朝阳区百子湾东里A407号楼　邮政编码：100124
销售电话：010—67004422　传真：010—87155801
http://www.c-textilep.com
中国纺织出版社天猫旗舰店
官方微博 http://weibo.com/2119887771
天津千鹤文化传播有限公司印刷　各地新华书店经销
2024年3月第1版第1次印刷
开本：880×1230　1/32　印张：6
字数：108千字　定价：59.80元

凡购本书，如有缺页、倒页、脱页，由本社图书营销中心调换亲爱的朋友，当你打开这本书的时候，你会看到里面的内容说的都是人生的道理。随着时代的发展，人们在求知的同时，一定要求道明理，丰富精神，充实力量。所以，此书名为《道理之力》。

什么是道理？道就是规律，理是事物存在的根据。事物存在的根据来自哪里？来自天道，也就是自然间的规律。知天道的人懂得性存天理，命存道理，身尽情理。万物之理，古人称之为道。道含天道、地道和人道，道是支配世界、支配社会、支配人生的所有依据。这个世界上存在的任何事情，都是有章可循、有道可行、有理可依、有德可遵的。

天行其道，人也要从其道。心中有道理，赋予我们心灵伟大的力量，使我们的志向高远，明白自己该去往何方；心中有道理，使我们的行为有着力之处，做人做事如理如法，上合天理，下合道理，中合情理；心中有道理，将道理融入生活，变成一种信念和行为习惯，遵道而行，智慧人生。

这本书是笔者长期学习和积累的结晶。我一生喜欢读书，明白些道理。在书中，学习做人，学会生活。在阅读中，我学习了很多古圣先贤流传下来的生存智慧和处世经验，凡看到长我智慧、抚我心灵、促我升华的金玉良言和箴言语录，就把它摘抄下来，成为伴随我在工作、学习和生活中上下求索的良师益友。

高尔基说："如果不想在世界上虚度一生，那就要学习一辈子。"如今我年已七旬，经过积累和思考，加上自己的领悟和理解，编写了这本书。一生以书为伴，活到老，学到老，就是要活得明白、活得通透、活得超然，将人生过得有智慧、有厚度。

这本书虽然没有起伏跌宕的故事，但从某种意义上说，它是从万千故事里，从万千箴言中提炼出来的。采得百花方成蜜，若你与此书有缘，愿它帮助你启发智慧，给你带来慰藉和欢喜，伴你成长。

禾一

2023 年 6 月

目录

第
一
章

深蓄厚积，涵养智慧

遨游辽阔的中华大地，我陶醉过；仰望无尽的苍穹，我迷恋过；如果把大地比作物质，把苍穹比作精神，我认为苍穹比大地更迷人。

内在的富足是永恒的财富

人由肉体和精神组成，精神是人的内在本质。爱默生说:"一个伟大的灵魂，会强化思想和精神。"精神之花鲜艳，人生才会灿烂;精神之花萎靡，人生必然衰败。一个人只有精神世界强大，才能在现实世界中强大。因此，人是要有一点精神的。

1. 精神生活是人类的根本所需

物质生活和精神生活，是人类生活的两大主题。人不仅要有物质生活来满足身体的需要，而且要有精神生活来满足灵魂的需要。

人的高贵在于精神，是人之为人的本质特征之一，追求丰富而高尚的精神生活是人们的基本需求。

人的肉体大都相同，精神却大有不同。人，并无高低贵贱之分;而人，由于内心世界的巨大差异，才分出了高贵与平庸。

雨果说过:"人有了物质才能生存，人有了理想才谈得上生活。"

你是在生活着吗？抑或只是存在着而已呢？

要想过真正的生活，必须对生活深刻了解。

生活和生存的性质完全不同，生存是本源、是前提，是柴米油盐、衣食住行；生活是生存的价值体现，是生存的升华。

你生活着，你会渴望有星辰大海、诗和远方；你生活着，你将有着美好的理想——生活是火热的，其内容的丰富远远超过生存的意义。

我们每个人都游走在生存和生活之间。没有生存作为基石，生活便成了梦幻泡影，然而，若是没有生活，只是碌碌地生存着，一生挣扎奔波，被无穷无尽的欲望裹挟着肉身、驱使着精神，朝着能量耗散的方向用力，是可怜的人生。人应从生存挣扎中转过来，不把精力一味消耗在生活琐事上。向着能量聚合的方向用力，将宝贵的精力用在寻求更高的智慧上，好好把握自己的时间、财力、知识和阅历，用最合宜的方式使它们产生最大的价值和意义。

人要有物质追求，生活质量才有保障，但人不可以被物质所迷惑。一个人满足了物质只能叫生存，精神上得到满足，才称得上生活。

物欲是社会刺激出来的，满足的是一种俗世之乐。任何俗世的快乐都不会带来真正的幸福，它们所带来的永远只能是假象，与完善心灵的精神快乐相比，这太浅、太低了。

钱锺书说："一切快乐的享受都是属于精神的。"人生活在世间，没有什么能比有修养、有素质、有品位更令人折服；没有什么能比内心丰盈更恒久。

低层次的幸福在物质世界里，高层次的幸福在精神世界中。一个充满智慧的人，精神因上进而蓬勃，思想因丰富而深邃。他们所独有的精神世界，是高雅脱俗的，是怡情逸志的，是心旷神怡的，是奋发向上的，使人健康而达观，知足而常乐，激浊而扬清。

2. 内在的富足才是真正的富足

美国诗人惠特曼说："人生的意义，不在于财富的积累，而在于精神的追求和灵魂的宁馨。"

花草需要不断保养，才能长得生机勃勃；精神需要不断保养，才能充满阳光、温暖、善良、正直。身体靠物质来滋养，而心灵的滋养则靠爱和感恩，以及道德素质。

读好书，读人文经典。这些经典是精神的美食，能为精神输送营养。在经典的熏陶下，富养灵魂，培养大慈大德，将生命感、价值感唤醒。

文学家罗兰说："人生最大的苦恼和遗憾，不是拥有太少的物质财富，而是缺少更多的知识营养。充实的精神生活比万贯财产更幸福、更长久。"人的一生，充实了灵魂，提升了境界，才是真正有意义的事情。

哲学家别林斯基说："当一个人真正觉悟的一刻，他放弃追寻外在世界的财富，而开始追寻内心世界的真正财富。"物质财富可能有一天会离你远去，但是精神财富是谁也拿不走、偷不掉的——它永远在人的心中，充满你的思想，丰富你的内心。于人生而言，所有的东西都是身外之物，唯有内在永不磨灭的智慧和灵魂，才是最大的财富，才是永远可以从中得到受益的源泉。

永远记住：精神上的富足远远要比物质的堆砌来得更加宝贵。

3. 塑造强大的内心

世界是美好的，也是无情的、残酷的。人生这一辈子在尘世中浮沉，既能享受风花雪月，又能承受风雨摧残。

生活从未变得容易，人世间的一切战斗都是心战。世间最伟大的一种力量就是心灵，在岁月的这场历练中，要建设一颗强大的内心，构筑一个强大的自己。强大的内心会激发无边的智慧，会使人拥有无穷的力量，使人从内到外都散发着淡定、从容、智慧、潇洒。

精神世界的法则，一切能量由内而生。一个心力强大的人，足够自信。一个人最幸福的状态，是有着高度自我接纳和驾驭生活的能力，依靠自己的聪明才智，耕耘人生，实现自我价值，活成一道美丽的风景。无论在什么时候，都坚守自己，保持自立与从容，显现生而为人的尊严和气魄。

心力强大的人，足够坚强。人生本就是一个不断向往着美好和不断寻求着梦想的过程，也是一个不断接受着挫折和不断征服自我的过程。内心坚强的人，不惧风雨和困难，有勇气面对和战胜人生路上的各种困苦，跨越生活中的各种坎坷，保持昂扬的斗志，奋勇前行。

古人言："心若不动，万事从容。"一个人内心足够强大，世上没有任何东西能够将其难倒和击垮，经过悲喜依然淡定，经过冷暖依然从容，经过沧桑依然阳光，经过荣辱依然不惊，经过艰苦依然热情，经过纷扰依然平静，最终将成为生命的强者。

心力强大的人，足够理智。明白所感知到的一切苦乐境界，都是自己的心所造的。心力强大，不受制于任何外在的事物，能控制自己的冲动、烦恼和恐惧，能容纳情绪的不安、浮躁和焦虑。在风雨动荡和浮沉起伏之中，从不"走心"，情绪不失控，生活不脱轨，从容不迫地驾驭自己的人生。

心力强大的人，足够豁达。淡看心中一片海，豁达胸怀一蓝天，无论走到哪里，都带上自己的阳光，照亮自己的心灵。心是一棵树，在缄默中伫立，既能接受阳光，也能包容风雨。笑看风云淡，坐看云起时。在人生道路上，不论前方的风景是好是坏，都善于从顺境中觉察阴影，从逆境中寻找光亮，能强大到什么都无法扰乱自己内心的平和。心力强大的人，深深懂得自己精神境界的崇高才是生命的全部。

刘墉先生说："虽然不是每个人都可以成为伟大，但每个人都可以成为强大的人。内心的强大，能够稀释一切痛苦和哀愁；内心的强大，能够有效弥补外在的不足；内心的强大，能够让诽谤和侮辱成为成功的动力；内心的强大，能够让你无所畏惧地走在大路上，感到自己的思想高过所有建筑和山峰！"

何为智慧

智慧是什么？

智慧是蕴藏在人的生命中的一种能力，它不仅仅是获得知识的能力，更是作为生命存在于世界的能力。

智慧是一种感知、理解、领悟、判断的能力，思考、分析、运用知识、化知识为力量的能力。

简单地说，智是研究看得见摸得着的学问。学而知之，明白一切事项，就是"智"。"智"是接纳的能力：接纳知识的能力，接纳观点的能力，接纳逻辑的能力；更侧重于外向，对世界万物运行规律的把握与应用。慧是研究看不见摸不着的学问。悟而知之，洞明一切事理，就是"慧"。"慧"是应用的能力，应用知识的能力，融会贯通的能力，领悟和辩证思维的能力，更侧重于内向，不仅能把握事物的本质和规律，还能预见事物的变化和发展趋势。因为两者同出于人体大脑的功能，所以均称为"心智"的表现形式。智如日，慧如月。两者常明，统称为"智慧"。

智慧的目的是彻底了解和洞见事物的本质，让人们能够透视世间所有的一切，以智慧来圆融事相，超脱凡情。智慧虽然无形，却能丰盛你的生命。

1. 智慧与聪明的区别

智慧是以灵性为根本，它有别于"聪明"。"聪明"二字系耳聪目明之谓，偏指感官的发达，不如智慧的圆满与沉静。

世界上聪明人不多，估计十中有一，而智慧者更为罕见，估计百里无一。聪明不一定有智慧，但是有智慧一定聪明。聪明是一种生存的能力，而智慧则是一种生存的境界。认识了解别人是聪明，认识了解自己是智慧；战胜他人的是聪明，战胜自己的是智慧；从书本里、课堂上学到的是聪明，从生活、工作中悟到的是智慧。

聪明人办事凭经验，智者行事凭理智。聪明人知道自己能做什么，而智者明白自己不能做什么；聪明人能把握机会，知道什么时候该出手，而智者知道什么时候该放手——因此，拿得起来的是聪明，放得下的才是智慧。聪明人注重细节，而智者注重整体；聪明人渴望改变别人，让别人顺从自己的意志，而智者多能顺其自然。聪明能获得更多知识，而智慧让人更有文化。一个人知识越多越聪明，而文化越多越智慧。

聪明靠耳朵，靠眼睛，所谓耳聪目明；而智慧靠心灵，所谓慧由心生。真正的耳聪是能听到心声的，真正的目明是能透视心灵的。郑板桥说："聪明难，糊涂更难。"郑氏的"糊涂"是需要智慧的"糊涂"。所以"难得糊涂"翻译过来就是"难得智慧"。所谓聪明只是人世间的小智慧，而真正的大智慧，即是与修道、悟道、解道有关。

2.智慧与知识的区别

人类的学问分为两种，一种是知识的学问，一种是智慧的学问。知识与智慧有联系，但又有区别，我们知道了我们原来不知道的东西，那是知识，我们感悟了过去不曾感悟的东西，那是智慧。

美国哲学家拉尔夫·沃尔多·川恩说："智慧需要知识的滋养，越丰富的知识越让我们具有智慧。但智慧又高于知识，它来源于我们的思想。获取智慧的方法只有让我们的思想觉醒，同时让我们接受更多的知识来将智慧丰富。"

智慧不是知识，知识是我们认识世界、改造世界的工具和手段，通常都具有功利性或有用性，而智慧是生命所具有的、基于生理和心理器官的、一种高级的思维能力。智慧不仅包括知识，而且能将知识灵活运用。

苏格拉底说："知识关乎自然，智慧关乎人生。"

征服自然需要的是知识，因为我们必须掌握它客观变化的内在规律才能控制它。所以说知识就是力量。但洞察人生需要的是智慧，洞察才能透视与觉悟人生，所以说，智慧是一种境界。知识可以帮助我们应付大自然，可以解决我们的生活需求，也可以开阔我们的视野，但它洞察不了人生的意义，不能根本解决痛苦，断除不了我们内在的无明烦恼。智慧则能让我们洞察人生的实相，获得心灵的升华、净化。

知识和智慧不能画等号，我们千万不要把知识当成了智慧。知识是阅读别人经验的累积，智慧是来自生活的积累与提炼；知识是有限的，智慧是无限的；知识是有声的，智慧是无声的；知识是头脑的记忆，智慧是灵性的显现；知识是外在的，是我们对所见事物的认识，智慧是内涵的，是我们对无形事物的了解；有了知识、阅历和感悟，才能从量变达到质变，才能开智慧。知识固然重要，但智慧比知识更重要。知识是定型的、范式的、不可变更的，而智慧是开放的、鲜活的、流动的、非定型的、可变的，所以智慧高于知识，比知识更有力量，更具活力。

知识专用，智慧通用。我们可以从百科全书中查到所需要的知识，但绝不可能查到智慧。知识可以传授，但智慧无法传授。知识靠学习，通过读书学习就可以得到，而智慧是我们对于生命、宇宙、人生等方面的直接体会。别人那里的经验、阅历、见识，都只是外在的知识，要想变为自己的智慧，需要在知识基础之上经过内在的思考和验证。

知识是必须的，但永远无法取代智慧。拥有智慧，会达到自我觉醒，让生存从容，让生活潇洒，让生命高贵。

3. 智慧是知情意的统一

智慧不仅包括书本知识和实践知识，而且包括情感和意志，可以说是知情意的和谐与统一。"知"就是知识，涵盖对物质世界及其本质和规律的反映。"情"就是情感和情绪，是一种主体感受和心理体验。"意"就是意志，指为了达到某种目的和理想时表现出来的执着追求和自我控制力。

知、情、意对应着真、美、善，真美善是知情意的理想化形式。知的极致是真，情的极致是美，意的极致是善。真美善的统一，是人类追求的最高境界。人的心灵在"真善美"的领域中沉潜涵咏，自然可以增长智慧，提升境界。

智慧和道德不可分。哈佛大学教授罗伯特·科尔斯说："品格胜于知识。"一个人真正的资本，不是美貌，也不是金钱，而是人品。德高品贵大于一切，人可以没有学位，但不可以没有学问，更不可以没有人品。但丁说："道德常常能弥补智慧的缺陷，而智慧永远填补不了道德的缺陷。"道德是做人必须具备的基本素质，给人的生命赋予了方向、意义和内涵，能守护人的一生。

人是万物之灵，灵就灵在这个"德"字上，一个人没有了道德就没有了灵魂，没有了存在的价值。一叶障目，智慧自然微弱，智慧的获得，本身是一种福泽，凡是福泽深厚的人，智慧一定不少。福泽的获得并非空穴来风，福泽是靠德行累积来的，人有多少德，就有多少福，德行深厚，才能后福无穷。

那么，什么叫作"德"呢？德就是得，道德的德就是得到的得。跟你在一起的人，都得到了一些好处，你就有德了；跟你在一起都损失一点，你就缺德了。

一个人如果不是真正有道德，就不可能真正有智慧。品德和智慧是一体的，有如鸟之双翼，缺一不可。福泽与智慧相互依存，一个人的成长要福慧双修，不仅要增长智慧，更要靠福德滋养。有学识同时具有道德，人格才会散发出最耀眼的光辉。

4. 智慧需要哲学滋养

哲学，就像普照大地的阳光一样照亮人类的精神生活。在人的精神世界里，如果没有哲学，就失去了灵魂。傅佩荣先生说："人生离开了哲学，人生就是盲目的，哲学离开了人生，哲学就是空洞的。"

哲学，是与生活息息相关的，哲学本身，也就是生活。人们每时每刻都生活在哲学之中，人说到底就是"哲学"的存在。哲学对一个人到底意味着什么，它至少可以让你比那些没有了解哲学的人更优秀，因为越有宏观概念、济世胸襟和博爱情怀，越能对生活释然和看透事物本质。作为现代人，不能一味地沉迷物质的享乐，更不能整日为了生存忙碌而忘记了自己的精神和灵魂。

面对现实，面对世界，要学点哲学，不然我们的灵魂很容易在物质的海洋和社会的大潮中迷失。哲学是照亮人生的明灯，让我们点燃对智慧的爱，点燃对哲学的爱，叩开哲学的大门，走进智慧的殿堂吧！

哲学是关于世界观的学说，是关于自然知识、社会知识和思维知识的概括和总结。哲学是追求智慧之学，是一门探索宇宙奥秘、求索人生的意义和追求理想生活的学问，是一种为人类提供"安身立命之本""最高支撑点"的学问，是一门追本溯源、寻根究底的学问，是一门"使人作为人能够成为人""使人崇高起来"和实现"人的全面的自由的发展"的学问。

学习哲学，就是学习哲学思维。

● 哲学思维是理性思维，是一种不受个人喜怒哀乐的干扰，排除感情用事，不受欲望驱使，遵循事实和逻辑获取正确判断和明智决定的思维方式。

● 哲学思维是客观性思维，它按照事物的本来面目去认识事物，反对以主观代替客观、以想象代替现实。想问题、办事情，坚持从实际出发，尊重客观规律，恪守科学精神，具体问题具体分析。

● 哲学思维是本质思维，认识事物，要透过现象把握其本质，清楚事物的本源，不停留在现象的表面，更不会被假象所迷惑。

● 哲学思维是整体性思维，万事万物都是相互联系在一起的，它不孤立地片面地看问题，而是了解事情的来龙去脉，前因后果。

● 哲学思维是辩证思维，以联系的、变化发展的眼光认识事物。

我们一旦进入哲学世界，有了哲学思维方式，思维的广度、深度，以及看世界的视野，都会产生质的飞跃，使人的精神境界获得崇高。

古罗马哲学家塞涅卡说："要我告诉你哲学给予人类的是什么吗？是智慧。"

我们进入哲学，就是想进入智慧。哲学是把人引向智慧的学问，它是一道光，照亮我们的生命时空，带领我们看到不一样的风景，头顶上能有不一样的天空，让我们增长见识，让我们智慧成长。

所谓哲学智慧，是人对事物本质的认识能力，对客观规律的认识能力，这是一种哲学的思维能力。

我们在哲学思维中，获得哲学理念和智慧，能够正确认识事物的本质，认识规律，尊重规律，运用规律，与自然和谐共融，与万物融合共生。

读书是获得智慧的源泉

古希腊哲学家苏格拉底说："世上只有一样东西是珍宝，那就是知识；世上只有一样东西是罪恶，那就是无知。"

知识是人们在改造世界的实践中获得的认知和经验的总结，是人类宝贵的精神财富。

知识在我们的一生中起着至关重要的作用。知识能让我们变得有修养，变得更加智慧，使我们的心智更加成熟，看待问题更加理性；使我们内在更加丰盈，成为更好的自己。

法国作家左拉说："生活的全部意义在于无穷地探索尚未知晓的东西，在于不断地增加更多的知识。"无论在什么时代，都注重知识和学问，无论在什么时候，都要抓住学习。真正的生命力是学习力，谁抓住了学习，谁就抓住了自己的人生。阅读始终是知识的源泉，灵魂的向往，当你拥有了阅读生活，才能真正享受精神生活带给你的丰盈和幸福。

英国文学家莎士比亚说："学问是我们随身的财产，我们在什么地方，我们的学问也跟着我们在一起。"在你身上扎根的知识，是没有任何人随便取走的，它是能力，是资本，是你成功创造美好人生的关键所在。

朱熹说："为学之道，莫先于穷理，穷理之要，必在于读书。"为求知、穷理，就要读书。读书最大的目的，就是提升认知，脱离愚昧，摆脱无知。人的精神世界的成长在相当程度上是通过阅读生活实现的。

法国思想家卢梭说："无论男人或女人，实际上只能划分为两种人，有思想的人和没有思想的人。"人与人之间最大的差距来源于学习上的差距，读书的人与不读书的人虽然生活在同一个时空，却不生活在一个世界里。不读书的人，认知浅薄，见识浅陋，思想匮乏，精神贫瘠；读书的人，认知深刻，见识广博，境界高远，精神丰盈。

左拉说："愚昧从来没有给人带来幸福，幸福的根源在于知识。"被知识武装起来的人，拥有更多的选择，可以实现自己的志向，更好地掌握自己的命运。

书籍是人类几千年文明的积累，是人类生生不息的精神食粮，是人的良师益友。读书点亮智慧人生，它是一座灯塔，为我们照亮前行的路，指明前进的方向；是一艘船，带领我们从狭隘的地方驶向生活的无限广阔的海洋。"万般皆下品，唯有读书高。"读书是神圣的、高雅的，是一种享受生活的艺术，它给我们前进的力量，给我们知识和学问，给我们温暖的慰藉，给我们精神的滋养，让我们的灵魂变得饱满充盈，使我们的生活更为美好。"书中自有黄金屋，书中自有颜如玉"，书中满载乾坤，令人神往。让我们通过读书的阶梯，走向知识阅读、人文阅读、生命阅读，勇攀人类文明进步的高峰。

1. 读书完善人格

英国道德学家塞缪尔·斯迈尔斯在《自励自助：修炼最完美的自己》中说过："人如其所读。"我们解读为"我是我所读"。读什么样的书，就会成为什么样的人。读书是自我提升和成长的有效和必要途径，读书为了明理，明理为了修身，修身为了做人，读书的过程就是人格塑造、人性修养、再造生命的过程。

莎士比亚说："书籍是全人类的营养品。"书籍里包含着非常丰富的精神食粮。五谷喂养躯体，书籍供养灵魂。你选择了什么样的"文字食物"，就决定了你可能具备什么样的精神品质。先贤们留下了众多优秀书籍，博采百家，荟萃文化，古今中外，万千气象，云集其中，是宝贵的财富。这些书籍是高频的能量，在给我们传递世界观、人生观和价值观的同时，也在塑造着我们的人格，扩充着我们的精神，塑造我们的内涵和教养。

雨果说："书籍是造就灵魂的工具。"读这些经典书籍最重要的任务，就是在心中播下"真善美"的种子，将真善美的情愫植根于思想深处，融入我们的血液，最终一定得到"真善美"的果。读书在于造就完全的人格，我们要以真善美的品味做人，在真善美的追求中成长，用真善美陶冶灵魂，培养善良的心灵和做人的美德。

杨绛先生说："读书是为了遇见更好的自己。"我们读经典，用心接收前人的智慧结晶，汲取精华能量，同频共振，把这些能量内化到自己的神经里、血液里，成为自己生命的一部分，使自己变得越来越优秀，越来越出色，越来越丰富。总之，读书的意义就在于养育自己的心灵，修养自己的品德，丰富自己的精神，成就自己的人格。

2. 读书构建精神世界

美国哲学家梭罗说："书是世界宝贵的财富，是国家和历史的优秀遗产。"

从古至今，有多少先贤学者倾其心血和生命写出经典作品，"经"是经久不易之书，"典"是规范神圣的典册，是在跨越历史时空后经受住了考验而一代代传承下来。这些经典沟通古今，交流文明，给后人以思想启迪、生命激励和灵魂寄托，用智慧甘露浇灌人们的心田，让我们在先人圣贤的轨道中汲取无穷的灵感与智慧，开启精神生活之门，丰盈灵魂，饱满精神空间。

读书使我们突破了时空的限制，在广阔无垠的宇宙间驰骋，看看古往今来人们的所思所想，看大千世界无奇不有，看人性的光辉与黑暗，看人世间的苦乐与悲欢。见天地、见众生、见自己，让人犹如经历一次心灵的旅行，内心会变得愈发的丰富强大。

古人云："多见者识广，博览者心宏。"见的世面多，知识面就广阔，书读得多，心胸就开阔。透过古人留下的文字，撑起自己的高度和深度，开阔了眼界、见识和胸怀，形成了自己的人生格局。

鲁巴金说："读书是在别人思想的帮助下，建立起自己的思想。"一个人的智慧终究是渺小的，要学会聚集无数人的智慧到自己思想里。通过读书，在前人思想的引领下，不断积累自己的知识体系，构建起自己的思想大厦，造就自己的精神家园。

阅读是一道光，当你的内心富足灿烂，当你的精神饱满明媚，身上被正气所包裹，整个身心充满正能量，你的思想、你的灵魂必然高贵而神圣。

3. 读书养怡

人有健康之体魄，乃一大福。东汉末年政治家曹操在《龟虽寿》一诗中说："养怡之福，可得永年。"但"福来有由"，"由"者，除衣食无忧外，在"柴米油盐酱醋茶"之后，还应有"书"。

近代教育家张伯苓说："书籍是人类养怡之良师。"知识渊博，能令人俗念顿消、心安神泰、通体舒展。我们行养怡之道，应将读书作为不可或缺的一项。

人生于世，岂能事事称心、处处顺遂，精神的苦闷总是难免的，心态、心境的修养时时都要接受考验。没有苦恼的生活是人人都羡慕的，但是却不是人人都能得到的。因为一般人无法兼达智者和仁者的境界。

读书最大的好处就在于，人会凭借自身阅读构建起来的小世界，能以体恤式的温柔，消解自身的苦难。读书能带给人们光和温暖，在人低落的时候给予温暖，在人迷茫的时候给予光亮。

读书，不仅能蓄精养神，还能提升智慧，使人排遣心理上的烦恼，进入美妙的超然境界。

法国作家罗曼·罗兰说："读有益的书，可以把我们由琐碎杂乱的现实升到一个较为超然的境界，能以旁观者的眼光回顾自己的忙碌沉迷，一切日常引为大事的焦虑、烦扰、气恼、悲愁，以及把你牵扯在内的扰攘纷争，这时就都不再那么值得你认真了。"

通过一次次阅读，我们从书中汲取对养怡有益的教诲，不断进行精神储备和涵养，生命就有底气应对人生过程中的各种问题和挑战。人总要有一个安稳的地方遮风挡雨，心总要有一个恬静的港湾休憩泊岸，文字就是那心情的港湾——大到容纳整个世界，小到融入每个人的心里。凡有益于开阔胸襟、远离俗物，引人求宁静、生雅趣之读物，尽可捧来一饱眼福、一清神志。

4. 读书增强定力

人生活在红尘世界中，难免受到外在事物的干扰，在此时此刻，最重要的是保持定力。

所谓定力，是指抗干扰能力，是专注力、抵抗力、自制力。这种能力，是由信仰之力、信念之力、意志之力、自控之力等构成的，是从生活实践和艰难困苦中培养磨炼出来的。衡量一个人的价值，不仅在于他的能力，更在于不为诱惑所动的定力和沉静的品格。

　　定力之所以非常重要，是由于冲击定力的事情很多。在日常生活中，一杯酒就可以让一个人胡说八道，一句不顺耳的话就能让人破口大骂，定力是多么不堪一击。

　　我们处在一个信息时代，网络信息铺天盖地，各种诱惑充斥在周围环境里，许多人被外界信息所牵引，浮躁涣散，心不够定，心性不够沉，他们不明白很多东西我们本没有知道的必要。"高尚的灵魂不必被那些废话和空谈充斥，过度的信息对一个过着充实生活的人来说，是一种不必要的负担。"

　　抵制浮躁的最强力量就是定力，人生充满变数，定力强弱直接影响人生的走向和发展，没有定力的人，很容易受到风吹草动的影响，抵御不住外界的各种诱惑；有定力的人，气场十足，有足够的力量面对生活中的盛衰起伏。

　　那么，该如何培养定力呢？人们平时用磁石养护指南针，而对于内心修炼的"指南针"来说，书籍才是保持心境平和最好的"磁石"。如果一个人整天不读书，安闲无事，那么他一定是精神涣散，内心没有安定的地方。只有读书，才能支持一个人的从容、静气和定力，能让人心安定下来。

　　哪里有理性智慧，哪里就有定力。法国哲学家笛卡尔说："只有服从理性，我们才能成人。"读书是一种德性，它带我们畅游理性世界，在理性的指导下，增长智慧。

　　在阅读中，一点一滴的积累，如同大海汇聚溪流，内心清静了，知识宽博了，眼界开阔了，精神超脱了，定力才能增长。

　　古之成大事者，必有静气和定力。有定力，方可耐得住寂寞，经得起挫折；有定力，在面对外部环境时才能从容镇定，沉着应对。

有定力的人，心中有信念，工作有方向，生活有追求，自我有主见，不会轻易受到外界事物的干扰和影响，也不会轻易对他人随声附和、丧失立场，更不会在大是大非面前模棱两可、左右摇摆。有定力的人，内心坚定，不随物流，不为境转，不被假象所迷惑，不被本能欲望所驱使，不为名利而动心，以超强的耐力抵挡世俗和诱惑。有定力的人，颐养静气，心灵超脱，站在地球之外俯瞰世事，站在当下之外回看时事，从灵魂深处散发出来沉稳、从容和自信，在生命中绽放灵魂的丰富和高贵，在平凡的生活中，成就自己的不平凡。

5. 读书滋养气质

一个人的真正魅力在于高贵优雅的气质。晚清名臣曾国藩说："人之气质，由于天性，本难改变。唯读书则可以改变其气质。"

一个人胸中装的，要么是诗书，要么就是尘俗。读书多了，书卷气就强了；尘俗多了，市侩气就盛了。

"书卷气"是对一个人文化修养最完美、最直接的诠释。所谓书卷气，乃是饱读诗书后形成的高雅气质和风度。书卷气是一种美，是风度，是修养，是一种脱俗的儒雅。在幽幽书香潜移默化的熏陶下，文化真正润化到生命里去了，融进了我们的灵魂，沉淀为智慧，使我们化浊污为清雅，化低俗为高洁，变奢华为淡泊，转狭隘为开阔，把促小变博大，这就是"气质之性，修而后能改"。

美好的气质不是作秀，也不是外表的美丽，更不是用金钱和权力来衬托，而是来自长久的修养，它高尚、鲜艳，它大度、丰满，它温暖、优雅。拥有了书卷气，便消除了燥气、俗气、愚气，便增加了静气、灵气、雅气、才气。

书卷气采自书卷，得益于修养，彰显于言行。宋人黄庭坚说："人不读书，一日则尘俗生其间，二日则照镜面目可憎，三日则对人言语无味。"一个不爱读书的人，没有思想清泉的注入，往往是乏味的，因而也是不讨人喜欢的。人不读书，则所为何事，大概是陷身于世网尘劳，困厄于名缰利锁，心思分散在生活琐事上，苦恼烦心，致使思想肤浅庸俗，自然面目可憎，焉能语言有味？

真正的书卷气，要走出书斋，走向社会，如此则"腹有诗书气自华，举手投足见修为"。伏尔泰说："美只愉悦眼睛，而气质的优雅使人心灵入迷。"优雅的生命源于优雅的灵魂，优雅的灵魂源于优雅的书籍。

书的灵透、书的雅致、书的睿智，穿越岁月的尘烟，浸润到人的心底里，使身上形成一种翩然风度，一种迷离气质，超凡脱俗，卓尔不群，走到哪里都是一道美丽的风景，让人舒服、让人留恋、让人难忘。

6. 读书其乐无穷

人识了字，最大的实惠和快乐就是读书。古往今来，人类的文明和智慧通过语言文字，以书籍为载体传承下来，而读书就是让我们的灵魂随着先人的足迹，进行一次深刻的远足，从而源源不断地继承、应用和创新。

"发奋识遍天下字，立志读尽人间书。"每个人想让自己丰富起来、高贵起来，唯一的办法就是与书为伴。

将好书视作知己，彼此相依，在漫长的阅读生活里，心灵得到滋养，心灵品质得到提升，是最高尚的娱乐，使人得到一种心灵的愉悦感受，一种没有物质因素的满足感。这种愉悦和满足蕴藏于自己的内在文化和境界，精神性的满足所得到的愉悦，要比对物质欲望的满足所得到的更丰富、更持久。

读书是幸福的，宋代文学家欧阳修曾感叹："至哉天下乐，终日在书案。"古人认为天下没有能比读书更快乐的事了。人生路上，有经典相伴，与先哲同行，与伟大思想家在一起，可识天地之大、晓古今之变、通处事之理，心灵就会不寂寞、灵魂就会不孤独、人生就会不迷茫，充实着生活，愉悦着生命，改变着人生的命运，岂不乐哉。

伏尔泰说过："只要有真正的需求，才会有真正的快乐。"什么是真正的需求？叔本华在《人生的智慧》中指出："具有卓越精神思想的人，比常人多了一样需求，那就是学习、观察、研究、默想和实践的需求。"孔子曰："学而时习之，不亦说乎。"

三者的观点惊人的相似。

孔子这里所说的"学而时习之","学"也就是学习、观察、研究,"习"则是实践的意思,也就是将自己的所学进行实践,而"不亦说乎",是这种发自灵魂真正的需求,求知满足,践行智慧,才有了"真正的快乐"。这种快乐是精神富足的快乐,是经过自身不断提高,有了丰富的内心世界做支撑,是一生的财富,是人生最美的享受。

明代学者徐勃把读书看作是人生一大快事。他说:"余尝谓人生之乐,莫过闭户读书,得一僻书,识一奇字,遇一异事,见一佳句,不觉踊跃,虽丝竹满前,绮罗盈目,不足喻其快也。"

读书,当读到会意处,理解其中的奥妙和微言大义,不由拍案叫绝,那是由于体察了书中的精妙所在,产生了共鸣,因为读书大有所得,因为有所获益而喜悦。读一篇轩快之书,宛见山青水白;听几句透彻之语,如看岳立川行。人生在世,没有任何娱乐比读书更有意义,也没有什么快乐能如此长久。

最是书香能致远,学习之乐乐无穷。

"学"之乐在于对真理的不断追求,通过努力使愚者因之而智,昧者因之而明,能给人带来无限的满足。"习"之乐在于通过实践把学到的知识转化为能力,让所学内容被消化吸收从而转识成智。人间乐园在优秀书籍之中,读书是一种精神上的享受,读书带给人最隽永的乐趣,最恒久的动力;读书带给人心灵的和平,精神的慰藉,比物质上的享受更高一筹。文字之美,跃然纸上,意象深远,情思泉涌。

用文字养心,用读书养魂,让我们与书为伴,一路书香,去学习更多的东西，使精神富足，生命辽阔。

7. 读书要领

读书学习，需要强烈的求知欲，对所学的东西发生兴趣。古希腊哲学家亚里士多德说："求知是人类的本性。"当求知欲一旦被唤醒，就会自觉主动地去探索未知的世界。一个人的学问成就，主要依靠的是自主学习。知识海洋的大门，永远为那些渴求知识的人敞开，时刻为他们提供畅游的空间。

爱因斯坦说过："兴趣是最好的老师。"如果你对读书索然无味，就学不下去，学不踏实。常保饥渴求知，常存虚怀若谷，就会自觉地树立终身学习观，养成自学的习惯，循序渐进、持之以恒，在知识的海洋里自由邀游，使学习成为自己健康的生活方式，不断让那些无穷的未知为己所知。

读书要用心思考。南宋词人杨万里说："学而不化，非学也。"读书而不思考，犹如吃饭而不消化。一切食物都要经过自己的咀嚼来吸收，一切知识都要经过自己的思考来获取。读书的过程是欣赏和接受的过程，也是思考和感悟的过程。对于我们大脑而言，学习等于输入和存储，而思考等于整合和输出。没有学习，思考就没有着力点；没有思考，知识仅仅是知识，但要将知识转化为认知，必须返回自己的心中领悟体会，将它进行消化吸收，融会贯通，学而化之，才真正具有真理和生命。

读书要累积。荀子说："不积跬步，无以至千里，不积小流，无以成江海。"学习贵在累积，只有广见博识，才能择其精要而取之，只有积累丰厚，才能得心应手为我用。读书时要借助笔的帮助，养成记笔记或做卡片的习惯。历史学家吴晗说："一个人要想在事业上有所建树，一定得坚持做卡片摘记，一发现有价值的材料，就要如获至宝准确地摘记下来。天才就是勤奋，知识在于积累。"所谓读书笔记就是用文字把需要的内容进行积累和整理，使之条理化、系统化和深刻化，建立起系统的知识体系，这样才能更好地理解、掌握和运用。

读书要学以致用。读书的要诀不仅是阅读，更在于应用。王阳明提出"知行合一"。我们常看到许多人，学了很多知识、理念、道理，可是却没有在自己身上看到成长，问题就在于没有把学到的东西付诸实践，指导行动。

真正改变你人生的是身体力行。《尚书》有言："知之非艰，行之惟艰。"知易行难，知道容易，真正做到不容易，如果只是知道却做不到，说明你并不是真的知道。

宋代诗人陆游说："纸上得来终觉浅，绝知此事要躬行。"纸上得来的，终究是别人的，自己真正觉到、悟到，把知识转化为智慧，才是自己的，也只有自己躬行受用，将知识和道理内化为自己的行为和习惯，落实在自己的实际生活中，才是真正地做好学问。

知来指导行，行来验证知，唯有实践，才会有真知，读书的意义就是用生活所感去读书，用读书所得去生活。

有思想就是有力量

　　思想于个人而言，有着非同一般的重要意义。人若缺乏思想，不仅会削薄生命的厚度，欠缺一份内涵和灵动，人生的意义也无从谈起。一个人如果只注重维持人的生物学意义上的"生存"，过着思想贫瘠、精神匮乏的日子，显然降低了其作为"人"的生活质量。

　　思想是人类最宝贵的资源，是人最重要的精神财富，是人类文明进步的动力。一个有思想的人，他的行为不会任人摆布，他的生活不会落入俗套，他的人生会放异彩。巴尔扎克说："一个能思想的人，才真是一个力量无边的人"。思想对于个人的成长进步有着重要的意义，思想的力量影响着人生。

　　思想的力量来于她是人生命的"灵魂"。人靠思想活着，怎样思想，就有怎样的生活。法国哲学家帕斯卡尔说："人类的全部尊严，就在于思想。"人类因思想而智慧，因思想而可贵，因思想而发展，因思想而进步，因思想而赋予生命以灵魂。

　　雨果说："哪里有思想，哪里就有威力。"思想的力量是无比强大的，引领我们在前进的道路上，生生不息，奋斗不止。人活一生，要追求真理，增长智慧，成为一个有崇高思想的人。

1. 思想决定人生

古罗马哲学家马可·奥勒留说："思想决定一生。"万物需要阳光，生活需要方向，而思想则是生活的向导，告诉我们如何想事情，怎样去生活。思想引导着人的行为，影响着人生的轨迹，抉择着人的生存状态和未来。

美国思想家爱默生说："思想乃是人类所有行为之起源。"每个人都遵循着思想而行动，一笔一画地勾勒出自己的人生蓝图。如果祖先们没有思想，世界上就不会有那么多宏伟的建筑，更不会有数以万计引人入胜的小说、剧本等，世界上所有的人类文明都是人们创造性思维的产物。人所迈出的每一个脚步，所做的每一次决定，不论方向如何，背后强大的推动力就是思想。

古罗马哲学家马可·奥勒留说："我们的思想价值决定着我们的生活价值，因为生活是思想衍生出来的。"世俗的思想造就平庸的人生，智慧的思想打造精彩的生活。思想是源头，人生要成功，思想必先行；人生要自由，思想出牢笼；人生要幸福，思想当先锋。

思想决定气质。法国作家司汤达说："做一个杰出的人，光有一个合乎逻辑的头脑是不够的，还要有一种强烈的气质。"一个人的气质，总是从言行举止中流出。优雅不靠装扮，风度不靠伪装，那是发自灵魂深处的修养。

气质是一个人心灵世界的外在体现，心灵什么样，气质就什么样。心里黯淡的人，气质会颓然；内心欢乐的人，气质会热情；心灵善良的人，气质会充满慈祥和爱。想让气质升华，我们首先要树立正确的思想，这样才能让气质愈加纯净、卓越。

心正则质正，有思想的人不会惶惶终日，不会庸庸无为，更不会做丧失人格和尊严的事情。心灵的容积取决于思想的广度，思想开阔了，心灵也就跟着开阔了。思想者身上的气质，是最高贵、最温暖、最深邃的气质。

思想决定人的心境。相由心生，心在什么境界，人就活在什么世界，有什么样的心境，便会有什么样的人生。我们心中的所思所想而形成的心理图像，会将与之相应的事物吸引过来，我们所看到的世界实际上是我们内心的投射。

我们思想是什么样的，心灵就是什么样的模样，心灵是什么样的，就有什么样的世界呈现在我们面前。如果我们心是苦的，人生便如苦海无边；如果心是甜的，人生处处都是曼妙风景。由于每一个人的内心世界不一样，所以我们对外在世界感受不一样。或许可以这样认为，我们表面生活在同样的物质世界，实际上我们是生活在各自完全不同的精神世界里。

我们每个人各自不同的精神世界从哪里来的呢？都是从我们的心中生出来的，是我们自己创造的，积极思考造成积极人生，消极思考造成消极人生。所以，由是可知美化我们的精神世界、纯净我们的精神世界是多么重要，因为我们就生活在自己所创造的精神世界中。

歌德说："人之幸福全在于心之幸福。"生命的质量取决于每个人的心境。我们想要快乐，想要幸福、想要生命吉祥美好，就从改变心境开始，用美德、慈悲来庄严我们精神世界，在心中播下快乐的种子、爱的种子和善的种子。等我们的精神世界庄严了，就能得到快乐美好的因子，看花花传情，看树树可亲，看山山含笑，看水水怡人。

思想决定健康。人的身体与心的状态密切相关，紧密相连。没有健康的思想，就不会拥有健康的身体。英国哲学家詹姆斯·艾伦说："如果一个人有坚强、纯洁和快乐的思想，那么他的身体将会充满活力和魅力。如果一个人拥有不洁的思想，那么，在他的体内就会流淌着不纯或有毒的血液。一颗纯净的心灵将会产生一个洁净的生命和一个洁净的身体。一个污秽的心灵会产生一个污秽的生命和一个污秽的身体。思想是行动、生命和现象的源泉，如果源泉是干净纯洁的，那么，所有的一切都会是干净纯洁的。"

思想意识无时无刻影响着人的身体，人的身体状况在很大程度上取决于人的思想状况。积极的思想会引发生命机体结构中积极化学反应与物理变化，身体就不会生病。而消极的想法往往导致身体机能紊乱，造成免疫力低下，使身体功能运作产生消极的结果。我们要想让身体完美，那么就要守卫好洁净的心灵，保持良好的心态，让身体处于欢快和谐的健康状态。

2. 思想改变生活

思想决定一切，思想是一切的根源，有什么样的思想，就有什么样的生活和命运。人的一生是不断成长与跃迁的过程，真正的成长源于内心的改变。

美国哲学家威廉·詹姆斯说："改变你的想法，你就能改变你的生活。"要想改变自己的生活状态，就必须从自己的思想开始改变。只有改变了思维，才能改变所有，开创美好的人生。

（1）改变思想的"种子"——潜意识。

潜意识是藏在我们思想底下的一股神秘力量，会在无形中支配着我们的行动。在潜意识的记忆里存储着人在生命过程中所有的一切经历、情绪和结果，其表现为直觉、感受、观念、想法、情绪、欲望、意象、记忆、期待等。

潜意识既受控于思想，同时又在影响、控制、制约着人的思想观念和行为模式；潜意识既会创造人的幸福与快乐，也会导致人的烦恼与痛苦，它对人的生命与命运起着重要的支配作用。

我们所有的潜意识和意识的思维过程就是塑造我们自己的过程。要想改变思想的潜意识，就要建造好我们的精神家园，因为用于建造精神家园的材料决定着我们的未来生活。这些材料是什么呢？是我们在以前的生活中积累并储存在潜意识里所有的东西，如果这些东西是消极、烦躁、忧愁、焦虑等负面的，那么，我们用于建造精神家园的材料就是不健康的，只能使我们的精神弱化。如果我们存储起来的都是激发人奋进的思想，如果我们总是乐观开朗、积极向上，把负面想法扔进垃圾堆，拒绝和它有任何联系，拒绝以任何方式和它接触，我们的精神材料就是理想的、健康的。

潜意识是人情感的发源地，如果你想的都是好事情，好事就来找你；如果你想的都是坏事，坏的事情也会"如期而至"。潜意识就像一块肥沃的土地，如果不在上面播下成功意识的良种，就会成为一片荒芜或野草丛生。

自我暗示就是播撒种子的控制媒介。科学家研究认为：人是唯一能够接受暗示的动物。一个人可以经过积极的心理暗示，自动地把成功的种子和创造性的思想灌输到潜意识的沃土上。相反，也可以将消极的种子或破坏性的思想灌输下来，而使潜意识这块肥沃的土地满目疮痍。

积极心态源于在心理上进行积极的自我暗示。相反，消极心态是经常在心理上进行消极的自我暗示。某种程度而言，心态决定命运，正是以心理暗示决定行为这个事实为依据的。一个内心阳光喜悦的人，碰到的所有事都会是好事；一个内心阴暗痛苦的人，碰到的所有事都会是坏事。

我们要遵循思想的规律，一定要给自己内在注入强大、积极、创造性的思想，消除在潜意识中输入的消极、负面、杂乱不堪的思想。为保护自己的能量场，要珍惜自己的身心环境，多接触积极的人，远离消极的事，让积极光明的意念充满自己、占领自己。

瑞士心理学家荣格说："你的潜意识正在操控着你的人生，

而你却称其为命运。"我们每个人的命运，都是由我们的潜意识决定的。潜意识决定着我们看待事物的观点，控制着我们的行为、选择，保存着我们以往的经验、感受、信念，以及一切关于我们生命的秘密——它是指路的明灯。

（2）改变思想，化解情绪。

英国哲学家怀特海说："我们的生活有百分之九十受情绪控制，不管比例是多少，情绪的确对我们生活有重大的影响力。"人的一生逃不掉情绪的状态，从出生到离开这个世界，它都如影随形。

人的情绪有好的，也有坏的。好的情绪，能够使自己身心愉悦；坏的情绪，则会吞噬快乐，让自己陷入负能量的漩涡无法自拔。

人生路上，我们总会遇到这样那样不如意的事情，磕磕绊绊在所难免。如果我们时常抱怨、紧张、焦虑、愤怒、悲伤、痛苦、不安，我们就生活在负面的情绪中。

凡走过的路必留下痕迹，情绪像种子一样深埋在人们的心灵中。人的思想很大程度上，受到曾经存储着的情绪的影响和作用。情绪的力量是巨大的，对我们的生活有重大的影响力。当人被情绪控制的时候，会使思想失去清晰和理性，一旦情绪失控，就意味着行为同时也会失去控制，就会说出自己本不想说的话，做出自己本不想做的事，从而打乱我们的生活秩序，给自己、家庭和社会造成影响和伤害。

过往所产生的负面情绪，如果没有得到有效的控制、消除和化解，就会在潜意识中存储持续地影响人的生活和命运。

法国作家大仲马说："你要控制自己的情绪，否则你的情绪便控制了你。"人生在世，许多环境条件是我们不可改变也不可控制的，我们需要做的就是学会自我情绪管理。

人最大的消耗，从来不是体力的消耗，而是情绪的消耗，人的健康程度很大因素取决于情绪。最好的养生是养情绪，如果我们格局太小，每天斤斤计较，看不到世界的宽广和美丽，常常情绪化，为了一些微不足道的小事失去理智，为区区小事大动肝火，轻易被身边发生的芝麻琐事情绪起伏，就会伤心劳神，消耗生命的能量，损伤身心健康。

人的一生，情绪管理十分重要。每个人都会有情绪、有脾气，这是生理上的本能，真正有理性和修养的人，是情绪的主人，能够掌控自己，不被情绪操纵。

弗洛伊德说："情绪稳定的人，没有一个弱者。"情绪稳定，代表人的心性稳定。在一定意义上讲，人的情绪与脾气里藏着人的气质、修养和品格。

情绪源于人的思想，积极向上的思想，焕发积极的情绪，使人心情愉悦，能鼓舞人的斗志，振奋人的信念；消极的思想，只能沦为脾气和情绪，使人失去心理平衡，意志消沉。

自我控制是一种素养，修养好情绪，拓宽格局，就能做到《礼记》上说的"不失口于人，不失色于人，不失足于人"。我们把握了自己的情绪，就把握了自己的行为，也就把握了自己的人生。

（3）改变思想，提升境界。

人们总在追求价值，价值在哪里？真正的价值在境界。列夫·托尔斯泰说："人生的价值，并不是用时间，而是用深度去衡量。"这个深度其实就是人的思想境界。水越深，承载的船就越大，水越浅，承载的船就越小，我们要能够承载一艘大船，就要不断去提升我们的境界。

冯友兰在《中国哲学简史》中说："人生在世，境界有高下之分。境界高的人，面对、享受的世界大；境界低的人，面对、享受的世界小。"每个人都有自己的世界，诚然，每个人也都有自己的境界。

世界上没有两个人的境界是完全一样的，不同的境界呈现出不同的层次，也驱动着人活出不一样的人生。所谓层次，不是地位和财富，而是人品、见识和修养。人层次的高低取决于人看到的世界的广度和深度，最终决定于思想维度和精神格局。

境界是什么？境界就是一个人拥有高维的智慧面对低维事物的能力，他的身体跟我们同在一个维度，但他的思想却在更高的维度活动。

格局是什么？格局体现在一个人所求目标的高度、眼界的广度、思维的深度，以及这个人身上所体现出的从容大度。

境界高的人广袤高远，能容乾坤万物，能纳吉凶祸福，能装高山流水，能载喜乐哀愁。

生命的意义，是去完成自己的人生格局，有什么格局就有什么人生。放大你的格局，精神世界足够辽阔，你的人生将不可思议。高境界的人，跳出人类的格局，在内在认知上有着令常人难以逾越的高山，精神超凡脱俗，有能力容纳人生的风雨，承载世间万物，顺应命运莫测，心灵自在于广阔的天地。

美国哲学家梭罗说："人生如果达到了某种境界，自然会认为无论什么地方都可以安身。"境界没有边际，境界无限，人存在的意义恰恰是以有限的身心去体验、去向往、去追求无限，最后与无限融为一体，抵达与宇宙同体的终极家园。

思想是这个世界上最庞大的存在，境界的提升靠思想维度的升华。心灵在高处，方能俯瞰天地，视野在远方，方能放眼世界。

第
二
章

引朋结友，与人为善

在确保终生幸福的所有努力中，最重要的是结识朋友。

——（古希腊哲学家）伊壁鸠鲁

生活离不开朋友

人是社会的存在物，每个人的生存和发展都离不开交往，离不开与他人所发生的直接和间接的联系。交往的需要是人的基本需要之一，对交往的需要，将伴随人的生存和发展的始终。人们在交往中可以获得一种归属感，赢得他人对自己的生命价值的认同，并达到自我发展、自我完善。

荀子说："人之生也，不能无群。"人无法脱离社会，没有人能够完全靠一个人生存。在社会生活中，我们与父母、伴侣、孩子、同事等都有着千丝万缕的关系，是一个共同体。在我们的人生历程中，生命需要共鸣，人生需要支持，心灵需要慰藉，精神需要知音。一个人可以没有广泛的社会交往，但不能没有相互尊重、相互欣赏的朋友。

朋友是什么？朋友不是酒友、不是牌友、不是玩伴，朋友不是为了索取和利用，而是为了奉献和付出。朋友就像是夜空里的星星和月亮，彼此照耀、彼此辉映、彼此鼓励、彼此相望。人格的魅力是相互吸引的，人生的智慧是相互分享的，人生的境界是相互激励的。

交际就是爱的传递，只要播撒爱的种子，就会收获友谊之花，给我们的生活带来快乐、丰富和美好。一个人如果没有朋友，生活是苍白的，就像生命没有阳光；没有朋友的人生，就像是一片荒原，毫无生机。世界上没有比友谊更美好、更令人愉快的东西了。友谊是一种纯洁、高尚、朴素、平凡的感情，也是一种浪漫、动人、坚实、永恒的情感。它是人与人之间无形的精神链条，蕴含着纯真的亲和爱。

交往能滋养情感。我们可以敞开心扉，向朋友倾诉自己的忧愁、恐惧、猜疑等任何事情，将一个人心中的各种感情引发的郁结情绪加以释放。人生路上的幸福时刻，我们需要朋友来分享；患难的时候，我们更需要朋友来抚慰。英国哲学家培根说："与朋友分享快乐，快乐便能够加倍；与朋友分担忧愁，忧愁就会减半。"一个无人分享的快乐绝非真正的快乐，而一个无人分担的痛苦则是孤独的悲伤。

交往能增长见识、智慧和能量。人与人之间的交往其实就是能量互助与价值交换的过程。与朋友交往，进行社会信息的交流，可以使人丰富知识、了解社会、交流情感、体验友谊，还能提高认知水平、交际能力、表达能力、组织能力和处理问题的能力。

交往能互相帮助。人生几多风雨，朋友一起走过，朋友可以为你挡风寒、遮风雨，为你分忧愁、解困苦。在你有所求的时候，朋友会伸出友谊之手，助你一臂之力。在你最难的时候，朋友陪你共渡难关。友谊贵在相互勉励，患难相扶，荣辱与共。

1. 相识是缘分

爱因斯坦说："世间最美好的东西，莫过于有几个头脑和心地都很正直的朋友。"

茫茫人海，大千世界，擦肩而过的人无数，可是相识满天下，知心能几人。曹雪芹说："万两黄金容易得，知心一个也难求。"

人生贵在相识，相识贵在相知，相知贵在知心。不论远近，如果真的是知己，即使相隔千里，依然懂你知你；如果不是知己，即使日日相对，依然无话可说。

千古知音最难觅，人生得一知己足矣。足以诉衷肠，足以慰风尘，足以暖此生。拥有知己，风雨不相弃，平淡不相离，才是一生的欣慰。

知己的缘是一种无形的陪伴，知己的情是一种无言的温暖，真正的知己，好像另一个自己，彼此守望、彼此欣赏、彼此慰藉。有知己相伴，心灵有寄，灵魂有依。

"高山流水，知音难觅。"世间最美好的事，莫过于遇到一个灵魂知己。知己可遇不可求，你遇不到知己，不必奢求，你遇到了知己，可千万不要错过。

在人生旅途中，在千万人之中，能够在同一时空穿越茫茫人海相遇，实在是一种缘分。所谓缘分，就是人与人之间的相逢相遇。这世上，没有无缘无故的遇见。有缘的人，跋山涉水也会相见；无缘的人，近在咫尺也无法相识。缘分，妙不可言。

人生是一场缘聚缘散的演绎，云聚是缘，云散也是缘。拥有过就是莫大的幸福，相遇过就是无限的温暖，我们也许无法让缘分长久，但是我们可以让缘分存留。明月有光人有情，人生遇到知己一定要善待，好好珍惜，珍惜每一缕念想，珍惜每一次相见，珍惜每一份真情，珍惜每一种感觉，在珍惜中享受友情，在珍惜中撒播恩惠，在珍惜中绽放人生，使缘分更深、更浓、更长、更远。

2. 慎重择友

人生在世，和谁在一起，真的很重要。作家韩寒有一段话："一个人能走多远，要看他有谁同行；一个人有多优秀，要看他有谁指点；一个人有多成功，要看他与谁相伴。"一个人的品德、兴趣、事业都会受到朋友的影响，选择和什么样的人交往，会影响你对生活的态度，影响你的成长轨迹，甚至决定你人生的发展方向。你有什么样的朋友，就会有什么样的人生。

（1）慎交朋友。

纵观人生，从一定意义上讲，选择朋友就是选择命运。曾国藩说："择友乃人生第一要义，一生之成败，皆关乎朋友之贤否，不可不慎也。"

人世间，不是所有的人都能成为朋友，和谁成为朋友，由自己决定。交友须慎加选择，要择真善人而交，择真君子而处。近朱者赤，近墨者黑；染于苍则苍，染于黄则黄；处芝兰之室，久而不闻其香；居鲍鱼之肆，久而不闻其臭。

人与人之间是会相互感染的，心灵与心灵之间，有一种超然的感应存在。你交一些生活情调高雅的朋友，你的生活就充满着高雅，交一些生活情调低俗的朋友，你的生活就不可避免地进入低俗的行列。你和富含正能量的人在一起，就会充满正气，开朗乐观；和那些在生活上、工作上和感情上消耗你的人在一起，就会焦虑压抑，精神颓废，变得平庸。结交一些品位高的朋友，你能从他们身上学到很多，借人之智慧，提高自己，可以一起成长、一起进步、一起变得更优秀。所以，要想成为什么样的人，就要选择跟什么样的人在一起。

物以类聚，人以群分。你是谁，就会遇见谁，每一个人都有一个气场，只有同等能量的人，才能相互识别、相互欣赏、相互结识，才能成为知己好友。

《周易》云："同声相应，同气相求。"牌友只会催你打牌，酒友只会催你干杯，而真正的朋友却会成全、陶冶你，激励你奋发向上。朋友往往是测量自己的一种最精确的尺度。你的朋友是你的镜子，交往一些什么样的朋友，能衡量出你自己的品质来。我们通常是通过与朋友的品质的对比，认清了我们自己实际上是一个怎样的人。

（2）善交益友。

孔子说："益者三友，损者三友。友直、友谅、友多闻，益矣。友便辟，友善柔，友便佞，损矣。"

正直的人，如巍峨之山，给人沉稳的安全感；诚实的人，如清辉之月,给人澄明的舒朗感;博学的人,如清惠之风,给人清雅的舒适感。与这样的人交朋友,让人心灵简约、心灵向上。

朋友相交,贵在相知,知人要择善而交。

唯信,方可为交。守信是一个人应具备的道德素质。北宋程颐说:"人无忠信,不可立于世。"如果不守信,没有人愿意与其交往,更不会赢得别人的信任,就无法在社会上立足。交友要建立良好的信任关系,彼此了解,信得过。

唯诚,方可为交。高尔基说:"诚实是人生永远最美好的品格。"真诚是为人之本,是人生最高的美德。真诚的人,说话实在,做事踏实,为人善良,对人宽厚,与人用心相处,真心相待,说话言行一致,说得出、做得到。真诚永远是人与人之间情感的保障,以诚相待,才能收获真诚和信任。

唯正,方可为交。莎士比亚说:"没有比正直更富的遗产。"什么是正直?所谓"正"就是心正、言正、行正,就是言行一致,实事求是,光明磊落。所谓"直"就是豁达、坦率、真实,就是直来直去,不弯不绕,不随波逐流。正直之人,走得直、行得正、做得端,办事正直、公道,坚持原则。

唯善,方可为交。人世间最宝贵的品质是善良,唯有内心的善良与真诚,才能架起人与人之间沟通的桥梁。英国哲学家罗素说:"在一切道德品质中,善良的本性是世界上最需要的。"善良,心地纯洁,纯真温厚,散发着仁爱的光芒。与良善者为伍,心地坦然,情操变得高尚,灵魂变得纯洁,胸怀更加开阔。

多交净友,不交损友。所谓净友就是能直言规劝的朋友。俗话说："千金难买是诤言，人生难得是诤友。"拥有诤友是生命的幸运和福气，他像一面镜子，帮你认清自我。他们真心关心你，在你有所不足时指正你，在你失落时安慰你。如果你能结识几个诤友，相互督促，那么前进的道路上，就会少走弯路，携手而进。

（3）识别真假朋友。

人生离不开朋友，但交上真朋友不易。与人打交道，识人需要细审明察，友谊有真伪之分，也有良莠之别。在生活中，顺境时，朋友认识我们；逆境时，我们认识朋友。落叶知秋，落难知友，唯有患难见真情。"路遥知马力，日久见人心。"历经风雨，才能看透人心真假；患难与共，才能领略感情冷暖。

真正的朋友，是与你同呼吸、共命运，有福同享，有难同当，默默付出，不图回报，不会因你的荣耀而想沾光，更不会因你的落魄而疏远；真正的朋友，是和你并肩看潮起潮落，和你一起穿行在茫茫人海，一起无言面对人间的荒凉和寂寞，一起沉醉于云淡风轻的时光。

亚里士多德说："真正的朋友是一个灵魂孕育在两个躯体里。"真正的朋友，是一种发自内心的关心和爱护。有好事时，因你喜而喜，因你优而荣，真心为你高兴，由衷为你祝贺。有困难时，因你难而疼，因你苦而痛，实意为你雪中送炭，陪你渡过难关。有过失和缺点时，因你不足而给你指正、规劝和建议。人的一生中，能成为真正朋友的没有几个，在你生命中，若有这样的朋友，真的很难得，那就怀着感恩之情，好好珍惜。

（4）君子之交淡如水。

庄子曰："君子之交淡若水，小人之交甘若醴；君子淡以亲，小人甘以绝。"以水喻君子之交，彼此毫无利益瓜葛，所以显得简单平静，因而能够长久；以甜酒喻小人之交，彼此都怀有获利之心，利用之意，所以免不了虚情假意，矫揉造作，甜言蜜语，因而难以持久。

君子之交，不是你侬我侬，而是相对独立、互不干扰，看似平淡如水，但重在相知，淡淡的情谊，藏着深深的懂得。君子之交淡如水，是细水长流，是润物无声；这淡如水，淡中有真味，淡中有真情；这淡如水，就像星星，不一定每天都能看见他们，但他们会一直在那里。作家席慕蓉说："友谊和花香一样，还是淡一点的比较好，越淡的香气越使人依恋，也越能长久。"

欧阳修说："大凡君子与君子以同道为朋，小人与小人以同利为朋。"君子之交，是建立在道义基础上的交情，是超越世俗物质诱惑的心灵之交，高雅纯净、清淡如水、通达包容、相敬如宾。

汉代刘向说："以势交者，势倾则败；以利交者，利穷则散；以财交者，财尽则绝；以色交者，色落则渝。"利益之交，往来全部系于利益，当利益不复存在时，朋友会形同陌路。正如诸葛亮所言："势利之交，难以经远。"

只有志同道合的人，有共同的志向和思想，才会产生心灵共鸣，才会产生共同的语言，才会走得更久远。

（5）保持距离。

人与人相处的最好方法，是做到熟人生处。何谓熟人生处？就是和熟人相处的时候，也要像和陌生人相处那样，保持恰当的距离，做到有分寸、不越界，懂礼仪。亲人之间，距离是尊重；爱人之间，距离是美丽；朋友之间，距离是爱护；同事之间，距离是友好；陌生人之间，距离是礼貌。别小看这些生活里的距离，有多少情感都最终败在距离上，所有的恩怨都是因为人靠得太近引起的。

朋友关系的维持靠来往，来往是要亲而有间、密而有疏的，每个人都有自己的空间，都有自己的磁场，人与人之间交往要浓淡相宜，不远不近，不浅不深，恰到好处。太远了，关系就淡了；太近了，是非恩怨就多了；太浅了，感情容易疏离；太深了，会让人增加轻蔑感，不免有失恭尊。

距离产生美。看山看水，远远观，有朦胧之美；看花看草，远远看，是一片绿意盎然；看人，不远不近，才能相处不累。万物之间均是因距离而产生美的，人与人之间也是因能保持适当的距离而产生情感上的美，由此构成和谐家庭、和谐环境、和谐社会。

交往的质量在于距离，感情再好，也需要空间；关系再亲，也需要自我。不管和谁在一起，都一定要牢记，最好的相处是保持距离，其好处在于它提供了这样一个空间，里面有自己，也有别人，既是对他人独立人格的尊重，也不失个人自由，又可以相处轻松，各自惬意。

3. 获得友谊靠个人的自身素质

贾平凹在《朋友》一文中说："朋友是磁石吸来的铁片儿、钉子、螺丝帽儿、小别针……这些东西，有的用力甩甩就掉了，有的怎么也甩不掉，可你没了磁性它们就全没有了。"个人魅力就是磁石的磁性，磁性在，朋友就会聚拢来。缘分浅的可以甩掉，缘分深的甩都甩不掉。前提是你必须有磁性，如果磁性没了，真朋友也会离你而去。要赢得朋友，就必须有磁性，这磁性就是人格品质。

一个人从表及里，可以分为五个层次：外貌、能力、脾气、品格、心性。细细品味，这五个层次，既是身处世间的识人之法，也是涵养内心的修行之途。识人要观其内，做人要养于内，成之于内，自会发之于外。要想全面提升个人素质，就要自觉走向修行之路：始于颜值、敬于才华、合于性格、久于人品、终于慈悲。若能如此，便是不枉此生。

与人为善

　　人在交往中，都希望得到别人善意的呵护和抚慰。善良是做人的根本，是人性中最崇高的美德，是人性中最为宝贵的生命之光，是人生最美的风景。

　　雨果说："善是精神世界的阳光。"善良如雪莲，圣洁高雅，善良像真金，闪光明亮。善良是灵魂的微笑，是对生命的感恩，是一种至善至美的心灵境界。

　　善良所架构的是人的高贵，善待人间的一切，乃是人间之大美。在人生路上，我们要常怀温暖之情，常施慈悲之爱，播种善良、传递温暖、芬芳他人，让人们在生活中感受到美好和幸福。

1. 尊重

　　美国教育家约翰·杜威说："人性最为根深蒂固的渴望就是得到尊敬。"自尊之心人皆有之，人人都需要被尊重，人人都渴望被接纳。

何为尊重？尊重就是看待任何人都是平等的，不存在性别、地位、财富的差距。尊重是人之间的认同，是心之间的真诚。

尊重什么？尊重他人的独立人格，包括劳动、权益、选择、爱好和习惯等。

尊重是一种修养，不仅是礼貌，它来自心灵深处对他人深切的包容、接纳、理解和体谅，与人和谐相处，快乐同行；尊重是一种风度，举手投足中的知性与优雅，尊重播种善意，将人格魅力升华，大爱无声挥洒，如春日的暖阳、秋日的清风，让人倍感温暖舒适。

孟子有云："爱人者，人恒爱之；敬人者，人恒敬之。"真心是互换的，尊重是相互的，只有懂得尊重的人，才能赢来尊重。

人生路上，尊重是每个人一生的必修课程。尊重别人，是一个人高贵修养和良好教养的最大体现，尊重别人就是尊重自己。

2.关心

每个人都需要爱，希望得到温暖。爱是仁德内在的品质，是生命真、善、美的表达，爱给人以关怀、安慰、信心和力量。

温暖是一种感觉，是爱的相融，更是一种心灵与心灵的相契。古往今来多少志同道合者因友情而获得温暖，因爱心而拥有温暖，温暖使人安宁、幸福和康乐。

温暖赋予人们智慧和力量，温暖使人与人之间的距离贴近，使心与心之间的联系完美。

最美不过秋月，因为清冷而格外皎洁；最暖不过人心，因为慈悲所以安暖。

与人相处，把关怀放在心里，把关注藏在眼底。人心之暖，体现在行动中。

亲人之间的尊重，爱人之间的呵护，温暖而悸动；朋友之间的问候，同事之间的友好，牵念而动容；路人之间的礼貌，简简单单的真诚，礼貌而友好。

当人孤单时有人陪，倾诉时有人懂，无助时有人帮，困苦时有人慰，于心灵就是一种温暖，于生命就是一种感动。

3. 感恩

感恩是为人之本。人行走于世间，要常怀感恩之心，常表感激之情，常行涌泉相报之举。

感恩是一种道德情操，是生活最好的滋养，是人生美好的善行，是心存感激、不忘他人恩惠的情怀，是心灵的真诚答谢，是发自内心的无言报恩，是对生命的致敬和尊重，彰显出人性的光辉。

《苏菲的世界》中写道："没有人天生该对谁好，所以我们要学会感恩。"英国作家夏洛蒂·勃朗特说："学会感恩。因为有了感恩，才有了这个多姿多彩的世界；因为有了感恩，才让我们懂得了生命的真谛；因为有了感恩，生命之间才能和睦相处。"

感恩，是人生的阳光和雨露。一颗感恩的心，如玉石般晶莹，如阳光般温暖，如金子般闪亮，是光明美丽的，是温润丰盈的，是让人倍感温暖的。

一个心怀感恩的人，珍惜自己拥有的一切和身边的人，随时随地都抱着一颗感恩的心去生活。生性善良，对世界温柔，也将被这个世界温柔以待。

生命是相互依存的，我们生活在这个世界上，每个人生命中都有无量无数的恩典，处处享受着来自各方面的"恩赐"。

人自降生于世上之日起，便沉浸在恩惠的海洋里，我们成长的每一步，都有人指点，我们生活的每一天，都有人帮助，正是在人们的关爱下，我们才一步一步走向成熟。

所以，做人要有良心。有良心定要知恩，知天地造物之恩，日月照临之恩，圣贤教诲之恩，父母养育之恩，夫妻伴侣之恩，伯乐知遇之恩，朋友援手之恩，这些恩情填满了我们的一生，让我们的日子过得丰富多彩。

知恩就要感恩，感恩宇宙、感恩天地、感恩自然、感恩社会、感恩父母、感恩亲朋、感恩身体、感恩万事万物、感恩每一个经过我们生命的人。

感恩就要报恩，"施惠勿念，受恩莫忘""滴水之恩，当涌泉相报"。最好的感恩，是接受爱，传递爱。只有充满博爱心、仁慈心、善良心、同情心，人与人、人与自然、人与社会才会充满和谐与亲情，我们自身也会收获更多的幸福与快乐。

4. 赞美

约翰·杜威说："人类本质里最深远的驱策力就是希望具有重要性，希望被赞美。"

从人性上讲，谁都喜欢赞扬和欣赏，没有人会拒绝赞美。人们能从他人的赞美中，确认自己的价值与存在感，从而满足自尊的心理需求。我们身边的每个人都是渴求认同的平凡人，普天之下的每一颗心都会因他人的赞许而欢愉。

一个善意的称赞，给人以温暖的阳光；一个不经意的赞许，给人以难忘的印象；一个优雅的赞赏，可以带来信任与希望。

人的身体需要物质的营养，人的精神需要自尊的滋养。世界上没有比欢喜更宝贵的东西，给人一句赞美，给人一些鼓励，给人一些自信，乃至给人一点希望，给人一点祝福，都是十分美好的事情。

最大的亲和力是赞美他人，赞美是人与人之间沟通的润滑剂，是优化交往、诗化人生的一种艺术。赞美是一种投资，播下的是友善的种子，收获的是友好的果实。即使是一声轻轻的赞美，就已拉近了彼此之间的距离，还会让自己收获真心和尊重。

所以，要学会欣赏别人，会欣赏才有赞美。欣赏与被欣赏是一种互动的力量源泉。欣赏者具备愉悦之心、仁爱之怀、成人之美的善念，被欣赏者也必发生自尊之心、奋进之力、向上之志。欣赏是一种美德，是一种尊重，更是一种善举，可以愉人悦己，在给别人送去善意和温暖的同时，自己也成为一个心中有爱、内心有光的人。

5. 慷慨

做人要大方、大气，因为每个人都喜欢乐于助人的人，喜欢大方大气的人。

大气是做人做事的风范、态度、气质、气度，是一个人散发的一种无形的力量。大方是一种大度，对于财物不计较、不吝啬，更是一种给予、付出和分享。

沈从文说："能征服人心的永远不是小聪明而是厚道，能感动人心的永远不是语言而是行动。"

你与朋友相处，要以诚挚的态度和厚道的实际行动，付出自己的慷慨和义气。朋友间的慷慨既体现在物质上，也体现在精神上。朋友聚在一起，难免会有金钱上的花销，在金钱上不要抠抠搜搜、斤斤计较，切忌小气、吝啬。与朋友往来，要厚道待人，不仅在物质上要慷慨大方，在人性上、精神上也要慷慨大方，把自己的快乐、知识、经验、兴趣给予他人，并不惜给予朋友精神上的温暖、关心和体贴。

第
三
章

享受人生，知足常乐

人是为活着本身而活着，而不是为了活着之外的任何事物所活着。

——余华

珍爱生命

《周易》云："天地之大德曰生。"天地之间最大的道德是爱护生命、敬畏生命。因为人世间最重要的莫过于自己的生命，因此，爱惜生命是对道德最大的尊重。

身体是尽奉天地、父母之本，失去它将无以尽孝；身体是服务人民之体，离开它将无法服务。所以说，生而为人是极为珍贵的，人唯一的资本就是生命，生命是人的最高价值所在，生命高于一切。

马克·吐温说过："人生中有两个日子最为重要，其一是你来到这个世界的日子，其二是你知晓自己为何要来到这个世界的日子。"

我们活在世界上，要了知今生为何而来，好好地敬畏生命，敬它的伟大，畏它的易逝，努力发挥生命的意义和价值，活出生命的质量，活尽天年和安康，使有限的生命焕发出无限的光彩。

1. 珍爱健康

生命是人之根本。人生最大的财富，不是万贯家财，而是拥有一个好身体。

荷兰哲学家斯宾诺莎说："保持健康是做人的责任。"

人这一辈子，什么都不是自己的，唯独身体是自己的。只有身体才能尽心呵护你，直到耗尽它全部的能量为止。如果你的身体健康状况越好，陪你走的路程就越远。

何为健康？体壮气足有力为健，经络通畅顺达为康。

花开漂亮靠阳光，人生幸福靠健康。生命强健，是幸福感和创造力的源泉。只有拥有健康，人才可以去努力工作，去创造价值，去实现目标，去享受生活，生存才会有尊严，生活才会有质量。

没有健康，欢乐、智慧、学识和美德，都会暗淡无光，不见影踪。人生在世，最大的成功，最大的胜利，永远都是健健康康、平平安安。有了健康，才有一切；没了健康，一切都是浮云。

健康，不仅是个人的一种需求，更是一种社会责任。健康不是一个人的，它是父母、爱人、子女、兄弟姐妹这个大家庭的。

有人说："你可能在工作中被替代，但不可能在家庭中被替代。"别人可以替代你的工作，但不能替代你的身体和你在家庭中的作用。身体健康不但对自己有利，也让朋友、家人放心，所以也是孝亲的行为。

健康是一种责任，一个人失去健康，不仅难以承担起应该承担的义务，还会给家庭、社会带来一定的负担。因此，保持健康的生活方式，才能更好地承担起自己的责任，才能拥有幸福的人生。

法国哲学家伏尔泰说："我们的健康全靠我们自己。"每个人自己才是自身健康的第一责任人，我们要善于保养，劳逸结合，注重精神修养，学会精神放松，培养良好的生活习惯，坚持自律，做到日常生活科学化、计划化、规律化，活出生命的质量，让自己的人生之路走得更远、更好。

2. 珍惜大好时光

苏联作家柳比歇夫说："人最宝贵的是生命。但是，仔细分析一下这个生命，可以说最宝贵的是时间。"

所谓"生命"就是给予每个人的时间，人在时间中生存、成长和发展，生命是用时间来度量的。珍惜时间就是珍惜生命。

天地之长久是没有极限的，但人的生命是有限的，属于一个人的时间也是有限的，它一分一秒，稍纵即逝。那每分每秒逝去的时间，同样是每分每秒逝去的生命。

阿根廷诗人博尔赫斯说："你的肉体只是时光，不停流逝的时光。"

在人生的经历中，越走越多的是岁月，越走越少的是时间。没有人，也没有任何力量能够阻止时间的流逝。

时光永远不会回头，岁月永远无法倒流。草木枯萎凋零，尚有春暖花开可盼；山水四季辗转，尚有轮回更替可期；唯人之年华老去，再无往复之日，人的生命要是结束了，用完了自己有限的时间，就永远消失在被遗忘的深渊。

世间没有任何东西是真正属于你，只有你活着的每一瞬间是你的。庄子曰："人生天地之间，若白驹之过隙，忽然而已。"我们的生命如白驹过隙，好好活着过好每一天，不要让它匆匆流逝。

寒来暑往，秋收冬藏，藏不住岁月，留不住时光。人这一生，时光如水，岁月如梭，悄无声息地带走了你的青春，苍老了你的容颜，却丰盈了你的阅历，成熟了你的人生。

所谓成功，都是一瞬间、一瞬间持续的岁月积累。时间是你奋斗路上最大的资本和底气，如果你给时间以生命，接受了岁月的洗礼，经历了一番风雨历练，因光阴失去的，也必因光阴而得到。

作家木心说："岁月不饶人，我亦未曾饶过岁月。"

生命的重要意义在于利用有限的时间获得最丰富的内涵。感谢时间的馈赠，赐予你丰富的阅历，使你在成长的过程中，经历了蹉跎岁月，展现出生命的质量与精彩。

爱因斯坦说过："人的差异在于业余时间。"业余时间能成就一个人，也能荒废一个人，你把美好的清晨，交给了懒觉还是交给了锻炼，你把夜晚交给了应酬还是交给了读书，看似不大的差异，日积月累就形成了天壤之别。

人的一天，其实就是一生的缩影，人怎么过一天，就怎么过一生，一个人如何支配自己的时间，就是如何对待自己的人生，它决定了生命的品质，决定了人生的走向和成就。

人们共处在一片蓝天之下，都生活在地球上，在时间面前，大家是完全平等的。

日本小说家川端康成说："时间以同样的方式流经每个人，而每个人却以不同的方式度过时间。"你把时间花在什么上面，就会成为什么样的人，你的时间被分配到哪里，你的生命意义就在哪里，正是你对时间的分配和使用，决定了你这一辈子的意义和价值。

如果将时间的重心安排在充实自我上，就能拓展自我成长的空间，赋予你丰厚的价值和美好的人生。如果将时间用在应酬、游戏、刷视频上，任意挥霍时间，那时间也会蹉跎你，让你碌碌无为，到头来空过一生。

你得到什么，是源于你付出了什么。只有当你懂得珍惜时间，时间才会给你最好的回馈。

一寸光阴一寸金，时间是我们唯一真正拥有的财富。我们无法让时间停留，但是我们可以让时间掌握在自己手上。

一个能够掌握自己命运的人，一定会知道认真对待时间，合理安排时间，有效利用时间，力求用我们所有的时间去做有益之事，不搞无谓之举，让美好的时光在自己手中过得充实而有意义。

"充实的一天过后会有愉快的睡眠，充实的一生过后会有完美的终结。"当我们回首人生往事时，就不会觉得光阴虚度、岁月蹉跎，会为我们没有虚度年华、荒废光阴而欣慰。

3.安身立命

人生在世必须具备处世之法，而安身立命正是处世的基本原则。如何做好安身立命，对这个问题，明朝学者崔铣在《听松堂语镜》里提出一个精辟的看法，他认为人生必须遵循"六然训"，把自己的一生当成道场去修行，持续不断地修炼好自己的生命状态。

自处超然。超然，即指高超出众，又有离尘脱俗的意思。自己为人要超越常人的想法和行为。自处难，难在抵不住孤独；超越更难，难在不会享受孤独。只有学会享受孤独，才能真正在自处中超然物外、心灵舒展、闲适自在。一人独处，要有"宁静致远"的境界，将自己的思想从凡尘俗事中超脱出来，坚守本心，超逸洒脱。

处人蔼然。蔼然就是和善、温暖。在现实生活中，有人盛气凌人、心高气傲，也有人冷漠无情、冷若冰霜，让人难以接近、接受。做人要心存善良、心地慈悲、心胸宽阔，以仁爱之心坦诚待人、与人为善，和气、和善、和蔼，让人感到温暖可亲。

无事澄然。澄是清澈明净，即头脑清醒，分明事理。没有事情的时候，心如止水，不起妄念杂念，清静而悠远，享闲暇之福。对于智者来说，会利用闲暇时光，读书、静思，丰富心灵，提升智慧，心境通明，宁静安然。

有事斩然。斩然是毅然果决。有事情来的时候，不推脱、不因循，沉得住气，既深思熟虑，又毫不犹豫、斩钉截铁，不优柔寡断，不拖泥带水。果断并不是鲁莽，而是把握决策度，分清事情的轻重缓急，有条不紊地去做。

得意淡然。淡然即不经心，不在意，不放在心上。春风得意时，要守得住心，不因暂时的得意而沾沾自喜、忘乎所以，而是得意莫忘失意时，知道失意与得意总是交相而来。海明威说："太顺利太好的事，总是长久不了。"人无远虑，必有近忧，福分降临时要居安思危、防患未然。在生活中，得意时看淡，失意时看开，学会满足，保持常乐。

失意泰然。泰然是毫不在意，不为所动，心神安定。在苦厄失意的时候，要有接纳挫折失败的雅量，修一颗平静心，顺应世事，不急躁、不悲观、不怨天尤人。要反求诸己，努力充实自己的德行和能力，加倍地行善积德，学会自己给自己撑伞，自己给自己快乐，用微笑化解生活中的寒冷，用淡泊化解内心的烦恼，不在烂事上纠缠，以泰然自若的从容，于逆境中志不衰、败不馁、气不泄、意不失，以平和的心态和大将风度，静待春暖花开。

人生一世，活的就是精气神。人生什么样，其实完全在于自己。你若从容，人生处处有风景；你若心安，人生处处皆圆满。我们要遵循"六然训"，时时守住一颗平和、宁静的心，拥有一种智慧的思想，养成一种良好的心态，过着一种从容安适的生活。

享受人生

德国诗人维斯冠说:"生命的目的是享受生命。"

什么叫享受? 享有、享福谓之享;接受、受用谓之受。

享受,实际上是指在物质和精神方面都得到满足的一种状态,是一种目标达到的成就感,是一种任务完成的快慰感,是一种精神得以抚慰的舒适感,是一种感官得到满足的舒爽感。

浮生若梦,为欢几何? 让我们珍惜所有,为我所用。活在当下,品味过程,一路行走、一路经历、一路享受。

1. 享受生命

人生的意义在于拥有生命,还在于享受生命。尽情享受生命,才是对生命最高的尊重。

古罗马哲学家塞涅卡说:"人生只有一种幸福,那就是尽情地享受生活。"懂得生活是一种品位,懂得享受生活更是一种境界。

人来到世界上,美好的生命只有一次,我们要以优雅的态度生活，充分享受每一天时光带给我们的愉悦。我们要热爱生活，我们生活的世界是博大精深的，生活是有滋有味、丰富多彩的。

生活的滋味，酸甜苦辣咸五味俱全，用心品味，皆是动听的歌；人生的色彩，七彩斑斓，用心观赏，皆是美丽的景。

世间让我们享受的东西无穷之多，享受食物，潜心品味；享受书香，拥有真理、知识、智能；享受成功，展示才华；享受自然，欣赏风光；享受安宁，清静怡然……这些都是自然和时代赋予我们的。

人生如花，花开不是为了花落，而是为了灿烂。生命之花是靠这许多的享受来供养的。享受人生，不单追求物质的享受，还要追求精神上的享受，给自己营造一种广阔的心灵空间和健康的心灵环境。

生命的质量在于人的内在，所有那些依靠外在环境来获得的享受，永远都不会体验到生命中真正的享受。

作家路遥说："生活包含着更广阔的意义，而不在于我们实际得到了什么，关键是我们的心灵是否充实。"

要获得真正的享受，就要注重自身精神能力的生长、发展和使用。一方面，把人类所创造的精神财富变成自己的财富，丰富自己的精神世界。另一方面，在自己的经历中，行使自己的意志，完成一件自己喜欢、擅长并且有意义的事情，创造美好的生活。

此生若能拥有丰富的心灵和辽阔的宇宙意识，完成自己的使命，享受本真的生命和自己创造的成果，便是幸福的一生。

2.享受爱

生命的意义在于爱，从古至今，爱是人类永远不会消失的主题。爱是世界上最美丽的语言，是生命真善美的表达，是生命中最伟大最珍贵的情感，是生命、生存的本质。

爱，是蓝天与白云的相拥，是清风与花香的缠绵；是润物细无声的点点春雨，是清晨拥着的一缕阳光。

人们需要去爱人，以此实现自身价值，同时，人们也渴望被人爱。人终究是为爱而活，人生最大的幸福是自己爱的人也爱着自己，因为只有爱与被爱同时发生，爱才有意义。

墨西哥作家帕依诺说："爱对我的生命是如此需要，犹如花儿需要阳光，鸟儿需要和风，鱼儿需要清水一样。"

人生一世，无爱何欢？人间离不开爱，生活如果没有爱，就无觉无味；人生如果没有爱，就无色无彩。因为有了爱，一切才会变得有意义。这个世界会因爱情的到来而繁花似锦，我们的生命也会因为爱情的降临而充盈饱满。

有爱的地方，就会有花香。有了爱的滋润，使单调的生活充满诗情画意，使孤独的心灵感受到浓浓的甜蜜。

生命因爱而温暖，人生因爱而美好，没有爱，世界必将一片荒芜。它需要我们用心灵的甘泉去浇灌，用生命的激情去燃烧。

没有人是无缘无故走进你的生命里的，爱情是一次命中注定的相逢。这不知包含了多少因缘、机缘和偶然。茫茫人海，今生相遇，是一种缘分，若能沟通和谐，如鱼得水，更是福分。人生难得爱一次，当爱神敲响你的心扉时，尽情地享受爱的浪漫，爱的温馨，爱的激情。同时，将爱融入生命，担当起爱的使命，为彼此带来更为丰富精彩的人生经历和幸福，双方都因对方的存在而使自己的生命更加丰盈。

要以爱待人，就要学习爱。法国散文家蒙田说："自爱者方能为人所爱。"在爱别人之前，先爱你自己，若不爱自己，便无法爱别人，这是爱的法则，因为你不可能给出你没有的东西。

爱你的人，因你自爱而来，自爱才会被爱，自己美好，才能吸引来美好，同频的人会遇见同频的人，由于具有同等能量，一定是相互吸引、相互结识、相互欣赏的。

一个优秀的人，不断完善自己、品德高尚，向阳而生，由内而外焕发出光芒，让身边的人因你的阳光而温暖，因你的丰盛而滋养，因你的强大而离不开你，让爱情时时流动、传递、更新、生长和创造。

美国作家弗洛姆说："爱是生产爱的能力。"爱一个人就要提升自己，有能力传递爱，给对方提供价值，更好地去爱自己所爱。爱的力量是伟大的，它能成就一个人。

世间的真爱是给予而不是索取，但最成功的爱莫过于让他人得以进步，变得比以前更好。

爱情的意义就在于帮助对方提升，同时也提升自己，彼此成就，一起成长，携手并进。

3. 享受自然

人与自然共同存在于永恒的宇宙时空之中，人生于天地之间，乃与天地一体也，人与自然同在，是息息相通的，所以我们永远不能脱离自然，而要融入自然。自然是人类最值得信赖的朋友，它的博大，它的沉默和神秘，它的胸怀，足以让人得到宁静之感，得到安慰之意，在它面前我们可以无忧无虑地敞开自己的心扉，将意念放逐于远山沧海，把自己与自然融为一体，在宇宙天地的宽广无垠中，通畅自己、喜悦自己。

怎样才能获得幸福快乐呢？要回归自然，学会享受大自然给予的一切：碧蓝的天空，朵朵的白云，迷蒙的烟雨，柔和的阳光，连绵的青山，潺潺的流水。

人生的脚步走得太匆忙，当你适时地从繁忙的工作和琐碎的家务中走开，走进大自然的怀抱中，或漫步水边，或默闻花香，或上山远眺，你会发现自然界里点点滴滴都能汇成一道道美丽的风景，得到独特的享受，使人陶醉、愉悦。

月亮，像个多情的人，将一片幽辉洒在你床前；清风，像母亲的手，温柔地抚摸着你的脸。太阳，给你温暖；月亮，给你温馨；天空，给你蔚蓝；大地，给你苍茫；群山，给你巍峨；海洋，给你浩瀚；湖泊，给你宁静；草原，给你宽广；花朵，给你展颜；流水，给你缠绵。

大自然的一切，让你的身心得以放松，性灵得以滋养，心灵得以丰富，让你感受到大自然对我们的恩宠。

在我们的生活中，日月交替，寒来暑往，静静地聆听岁月的呼唤。世间最美的莫过于四季流转，春看繁花问柳，夏听雨露赏荷，秋闻丹桂飘香，冬赏银装素裹。

陶渊明在《四时》诗中云："春水满四泽，夏云多奇峰。秋月扬明晖，冬岭秀寒松。"这首诗写出了一年之中最独特的风景，将四季的美形容得清新而明丽，让人们细细欣赏，感受岁月静好，充满对生活的热爱，尽情沐浴一路阳光，深深拥抱一路风景。

当你置身于自然，在轻柔的风、绿色的树、清清的河流、静静的高山陪伴下，你便仿佛进入了一个圣洁璀璨的世界，感受大自然的气息，享受大自然的美景，接受大自然的滋润，你的心会变得如山涧溪水那样清澈、像绿水青山那样透亮，与大自然相应合一，这种体验是最美妙的精神食粮。

大自然的气场天然纯正，生机盎然，与之接通，将自己融入一片清新天地。

我们凝视亘古不语的高山，解读广袤无垠的大海，用星辰大海的辽阔来充满自己的意念，用蓝天虚空的清纯来滋养自己的心灵，精神得以宽广，生命气场得以打开，境界得以升华。

我们仰望浩瀚的天空，懂得它心胸开阔、包容万物，俯瞰广阔的大地，懂得它海纳百川、有容乃大，让人自觉向天地学习，自强不息、厚德载物。

静静的欣赏是一种无声的学习。观赏花卉，春来花自青，秋至叶飘零。古语云："不得春风花不开，花开又被风吹落。"它不为谁开、不为谁落，生就生了，灭就灭了；开就开了，落就落了；荣就荣了，枯就枯了，让人领略草木的兴衰荣枯，感受花的无心和自然。人活在世间，应向花看齐，学习花的无心，无心于万化之无常，无心于名利、是非、好恶、死生。

仰望星空，欣赏"日月从容"。感受到那种日月经天的从容和神圣，领悟到独有的睿智与风韵。

从自然的动态变化中使人感受到大自然的静谧和美好，就会觉得人生其实静静地活着，就是一道最为靓丽的风景线。

自然是人精神上的老师。人生存于自然中，自然，给人很多智慧的启迪。

越成熟的稻子，头低得越厉害，启示人们做人要谦虚；严冬的梅花从来不畏酷寒，暗示人们做人要坚强；挺拔的青松不怕风雪，告诫人们要能经受风浪、奋发向上。

大自然是需要感悟的，是需要用心欣赏的，是需要用生命去倾听的。

自然永远是最纯净的圣地，要想超脱尘情世俗，就多亲近大自然，汲取大自然的能量，借由山水灵气，洗涤自己的尘心，净化自己的灵魂，陶冶自己的性情，放松自己的身心。走过红尘岁月，看尽人世繁华，回归平淡人生。云淡得悠闲，水淡育万物，淡然于心，自在于世间。

陶渊明诗曰："结庐在人境，而无车马喧。问君何能尔？心远地自偏。"人生不在于身在何处，而在于心往何处。身居闹市，心离尘俗，窗外风云交替，车水马龙，内心安然平和、洁净无物，形体虽然无法远离现实，心已经不属于这片尘世，精神却大可向往飘逸，如此超脱，不是疏离尘世，而是让自己在尘世中修炼得更加质朴。

4. 享受闲趣

我们每个人都有权利享受生命，享受悠闲的生活。宋代诗人戴复古诗云："赫赫几时还寂寂，闲闲到底胜劳劳。"

现代人的生活，诱惑太多，人们的物欲太盛，人心趋向功利，奔波劳碌，整日纠缠于俗务之中，时间被社交、应酬等琐事划分得支离破碎，无暇顾及心灵和悠闲生活。真是世人皆忙碌，一世难清闲。

德国哲学家叔本华说："闲暇是人生的精华，除此之外，人的整个一生就只是辛苦和劳作而已。"

拥有人生百年，远不如享有人生清闲。

一个精神富足的人，喜欢安静和闲暇。清闲是一种幸福，也是身心的休息。悠闲是生命的养料和水分，如果没有悠闲的滋润，生命之花就会枯萎衰败。

我们在岁月里前行，不应只有匆匆赶路，不要成为生活的奴隶，而要学会给岁月留白，忙里偷闲、摆脱俗务，在心灵里为自己建一座花园，淡然于怀、素然于心、静然于事，享一些"闲适"，怀一份"闲情"，用超脱尘世的心态，细心品尝、岁月清欢。

人在闲下来的时候，才更接近自己。古语说："身放闲处，心在静中。"闲不是无所事事，闲是一种对自我的找寻和心灵的净化。

梁实秋说："人在有闲的时候，才最像是一个人。"做个闲人，给心腾出空间，把整个意识带入觉知之中，好好地想一下经历的人生，才有机会审视自己走过的路，才能静听自己内心的声音，想想自己想要的是什么，也才明白世界是自己的，与他人毫无关系，你只需走自己的路，做好你自己。

而当你知道了自己为什么而活，就可以忍受任何一种生活，才能更好地活出你想要的人生。

人闲置下来，才能更好地充实发展自己的智慧。美国哲学家梭罗说："有时间充实自己的精神生活，这才是真正的休闲。"人生存的幸福在于精神世界的满足，心灵的财富是唯一真正的宝藏。

一个文化丰厚的人不需要任何外在的东西，也不需要与别人拥挤在一起，而需要阅读学习、内在修养、思索钻研，使闲暇生活知识化、价值化、趣味化。

生命之质不在物质之中，而在精神之中，而精神之质在闲适中。

文化的滋润、知识的灌溉，需要闲适；理性的顿悟、灵性的升华，需要闲适；心灵的舒展、视野的敞亮，需要闲适。创意，往往在闲适轻松时翩然而至；情趣，也每每在闲适从容中一展风采。

元代画家高房山在《怡然观海》中写道："不是闲人闲不得，能闲必非等闲人。"意思是说，如果不是思想上有超凡脱俗的能力是没有办法得到悠闲的，那么能得到悠闲的人，一定不是平庸的人。做个能让心闲下来的人，人生因孤独造就伟大的心灵，生命因闲适而丰盛，必定比常人多一份智慧，对人生多一份笃定与坚持，对生活多一份淡定与从容。

人要闲静下来，品味闲趣，为人生调味。清代文学家张潮在《幽梦影》中写道："人莫乐于闲，非无所事事之谓也。闲则能读书，闲则能游名胜，闲则能交益友，闲则能饮酒，闲则能著书，天下之乐，孰大于是？"充分地道出了文人的清闲雅趣。人生快乐之事莫如趣，趣乃乐之源头。

什么是"趣"？即趣味、情趣、兴趣。有趣是一种心态，是一种生活的态度。一个心怀有趣之心的人，善于寻找人的精神家园和平凡生活中的乐趣，让经典、诗歌、美景、酒香、名曲来陪伴，去读书、去吟诗、去听音乐、去品茗、去散步、去会友、去赏景、去郊游，使生活多姿多彩、有滋有味。

修为当下

1. 活在当下

人生是一个连续不断的过程，昨天带我们来到今天，今天领我们奔向明天。我们应放下昨天，珍惜今天，心向未来。

世人往往为陈年往事的追悔惋惜、愁思满腹，对未来牵挂担忧、忧心忡忡，总是在过去和未来中穿梭，永无安宁之时，这妨碍了眼前的幸福。

活在当下，是人生最好的选择。

一位哲人曾说："过去与未来并不是存在的东西，而是存在过和可能存在的东西。唯一存在的是现在。"

过去的已经过去，追悔何益？未来的尚未出现，何苦忧虑？谁如果走入过去和未来，就会走出现在的生活。与其为了昨天的事情怀念不已，何不认真对待每一个今天，与其把一腔痴情空托于遥不可知的未来，何不把切实的努力倾注于当下。

一切古往今来，都是由"当下"这一瞬间、一瞬间累积的。

人的一生是由无数个"当下"串在一起的，每个当下都充实地过，一生便会充实；每个当下过好了，这辈子也就过好了。

红尘过往，时光有梦，岁月无情，没有人握得住天长地久。我们没有能力去改变过去和预知未来，能握得住的只有当下，只有当下是活生生的存在，只有当下才是真正属于我们的时光，只有当下才能感受到真实的自我。

我们要抓住每一个当下，把握了当下，就把握了光阴；把握了当下，就把握了未来；把握了当下，就把握了人生。

活在当下，活好自己，尽情地投入和享受当下的生活。生命从没有重复的机会，每一个不曾起舞的日子都是对生命的辜负，因此，每时每刻都投入对生命无限的渴望和认真里。

活在当下，享受当下。珍惜眼前人，欣赏眼前景。做好眼前事，走好脚下路。想爱的人就去爱，想见的人就去见，想做的事就去做。为自己而活，每一个当下，都能成为自己的高光时刻。过得真实、开心、快乐、美满，如此才是对人生最大的不辜负。

活在当下，安于当下。人生一世，真正的富有，是我们内心的安宁。心安是一种境界，是一种修养，是一种生活态度。心安的人，白天没有烦恼，晚上没有牵挂。心安的人，内心没有人间利益，遗忘世间恩怨，拒绝喜怒哀乐，失去欲望杂尘。唯有纯净安然的心，让人活得踏实安全。心安是福，幸福是一种心灵的感受，而心灵的安定则是幸福的至境。

活在当下，全身心放下。广钦老和尚圆寂前说"没来没去没事情"。什么叫没来没去呢？你看山河大地、冬去春来、人的生老病死以及内在念头和情绪都是有生有灭、有来有去的。既然这一切一直处于生灭变化中，那么我们要在内心放下对生灭的执念，接受这世间来去的无常。内心不迷惑，不纠结世间的一切，活在当下的状态。

为什么世人不能享受人生的美好时节？因为心中有事。要知道人一生最好的愿望最应追求的就是两个字：没事。宋朝无门慧开禅师有首诗："春有百花秋有月，夏有凉风冬有雪。若无闲事挂心头，便是人间好时节。"这应该作为所有无事人的座右铭。

百年终是客，无事天地宽，一刻无事一刻轻，一日无事一日安。若心里有事，就算有良辰美景当前，一切也都索然无味；若心中没事，内心如幽谷般空灵、宁静，一草一木都是曼妙之景，一茶一饭皆是人间至味。

我们在平凡的日子里，要以平常心对待生活，不被外界的闲杂之事来烦扰，没有忧思悲恐惊缠绕心田，过好每一天，那就日日是好日，时时是好时。

2. 守住淡定

人生如花开花落，绽放凋零。行走在喧嚣纷繁的尘世，经历着潮起潮落，最终将归于平淡。一切都将在岁月中老去，而淡定才是人生的最佳境界。

什么是淡定？淡是平淡、清淡，定是安定、笃定。淡定不是悲观，不是消沉，不是冷漠，而是冷眼观尽世间浮华，阅尽人世沧桑后，独守一份清静安宁、超然洒脱。人生浮浮沉沉，看淡人生的人，可以享受一片广阔的天地，拥有一方安宁的净土，生活会展现优雅的笑容。

人生最美是淡然，简单来说可以用"静水流深"四个字概括。

静是生命的完满。生命的美，不在于绚烂，而在于宁静。大千世界，万种诱惑，内心的宁静，才是最好的修为。静的含义就是一个人通过自身的修炼，与自己内心的种种妄想、外面的重重诱惑做斗争，最终超越它们，得到自在解脱。当今，经济腾飞、节奏飞快，面对纷纷扰扰的世间万象，生活中充斥着紧张、忙碌、焦虑、恐惧和不安。人们的精神世界尤其迷茫，灵气不足，心态浮躁、脾气暴躁、遇事烦躁，缺少一些安宁和静气。一个安静的生命，舍得下尘世间的一切，因为舍得，所以淡泊，因为淡泊，所以安静。米贝尔说过："有恬静的心灵就等于把握住心灵的全部，有稳定的精神就等于能指挥自己。"躁动的社会，心静者胜出，静为躁君，静能克服人身上的烦躁、焦躁、急躁。在生活中，养一点静气，做个平静之人，于喧嚣中，独守一份平淡，在繁华处，坚持一份简单，用平静的心情过平淡的日子，安于平凡，心素如简。

水是生命的本源。水是集包容、沉稳、渗透、涵盖、动静、取舍、进取等智慧于一体。智者乐水，因为水有百折不挠的韧性、变通的灵性和高洁的品性，是世间最高贵之物。水是柔和的，没有石头坚硬，却可以水滴石穿；水是不争的，遇阻就绕行，却能奔流不息；水是低调的，专往低处走，却成就了海纳百川的奇观；水是善良的，可以去往任何地方，可以帮助万物和人类生存；水是坚强的，可以忍受高温化为蒸气，可以忍受寒冷结为坚冰。水无所不在，它散发着智慧和道德的光辉。做人要像水一样，从善如流，随物赋形，至柔之中又有至刚、至净、至容、至大的胸襟和品性，乐善好施不图报，淡泊明志谦如水。

流是生命的体现。南怀瑾说过："一个人想做到随时安然是非常困难的。世间万物皆有其自身的规律之所在，水在流淌的时候是不会去选择道路的，树在风中摇摆时是自由自在的，它们都懂得顺其自然的道理。因此，拔苗助长固不可取，逆流而上也是一种愚蠢。"人的一生中，会与各种各样的情况不期而遇。顺境时不得意忘形，逆境时也不失意变形。得之坦然，失之淡然，阴晴圆缺顺其自然。他不但会有足够的勇气去承受外界的压力，而且会有足够的清醒来面对和接受命运之神的安排，面对形形色色的磨难和诱惑。人生的根本意义不在于世俗的荣辱、成败和得失，而在于对世间万物顺其自然的健康心态。"心似白云常自在，意如流水任西东。"凡事顺其自然，如行云般自在，像流水般自由。

深是生命的蕴藉。英国作家约翰黎里说："水流最静的地方也是它最深的地方。"水一旦流深了，就没有声音了。人生也是这样，越是资历深厚、才华横溢的人，越是不动声色。静水流深源灵魂，灵魂修行靠个人。智者永远追求静与深，向深层次去修，修到内心中去，修到内境中去，修得越深，表面越平静。一个人最好的修养莫过于静水流深，以静水流深之心与这个世界相处，与他人相处，与自己相处，既明亮而又不刺眼，既华丽而又不浮躁，既挺拔而又不张扬，复杂而又不失简单，丰盈而又不失进取，沉稳而又不失乐观。成熟了却不世故，依然保持一颗童心；成功了却不虚荣，依然保持一颗平常心。由单纯到复杂，再回归成熟的单纯；由混沌到清醒，再回到清醒的混沌；由聪明到智慧，再回归到大智若愚。一个成熟的人，以静水流深之心游于世间，胸中虽有星辰大海却从不张扬，心是安然宁静的，精神是生机勃发的，在安静中彰显生命的力量，在低调中实现人生的升华。

杨绛先生说："我们曾如此渴望命运的波澜，到最后才发现人生最曼妙的风景，竟是内心的淡定与从容。"

我们曾如此期盼外界的认可，到最后才知道：世界是自己的，与他人毫无关系。

我们曾如此追捧外表的光鲜，到后来才懂得：人这一生，终将平凡，人生最美是淡然、简单、平静、从容。

我们曾如此追求表面的富裕，到后来才明白，真正供养生命的东西，是思想、是精神、是灵魂，是内心的繁花似锦。

知足常乐

1. 简单生活

　　人们在世界上生活得越久，拥有的东西就越多，随之而来的烦恼和负担也就越重，快乐和自由反而越来越少。富兰克林说："聚敛财富也是自寻烦恼。"世人之所以有那么多的烦恼痛苦，不在于拥有得太少，而在于向往得太多。

　　过多的欲望是一切痛苦的来源，它在短暂的满足之后带来的只是无尽的痛苦。无数的烦恼困苦都是由贪欲过剩造成的，很多的疲劳、疾病和死亡都是由贪婪引起的。只有心灵纯洁无欲，身心才能安逸自在。

　　凡夫迷惑颠倒，把幸福解读为"有"。什么叫"有"呢？有就是烦恼。"有求必苦，欲令智昏。"人生总是追求各种"有"，有房、有车、有钱、有权，为这"有"而奔波，而这种"有"的快乐却从未超越心灵的平和与安宁带给我们的美好。

　　这个世界是通过欲望控制我们的，欲望是一片不纯净的汪洋，只有止住了欲望，内心才能不被蒙蔽和迷失，日子才会过得顺风顺水。

人这一生，就是一个不断追求"有"，而又不断失去"有"的过程。从"无"中看到"有"是聪明，从"有"中看到"无"是觉悟。幸福其实不是"有"，而是"无"，无忧、无虑、无病、无灾。"有"多半是给别人看的，"无"才是自己的。读懂"无"，修炼出一种"无"的境界和状态，才算得上真正的幸福。由于我们太执着于获取和占有，以至于很难体悟何为快乐逍遥的人生。

人之欲望免不了一个"求"字。求有外求和内求，外求是求金钱、求名利、求关系、求人脉，内求是求修养、求心安。世上无数人本末倒置，殊不知外求越求越痛苦，内求越求越安乐，外求不如内求。当我们对别人、对外物要求愈少，依赖愈低，我们的心灵就能愈自由、愈开放、愈自得自乐。埃及作家尤素福·西巴伊说："假如人能够遏制住自己的种种欲望，过着无求的生活，那么，他才算主宰了自己的生活，掌握了自己的命运。"人因知足而常乐，因无求而自在。

美国作家梭罗说："最好的生活状态，是物质上简朴至极，精神上丰盈充实。"一个有智慧的人，活在物质之外，依据智慧的引导，去过一种非常简朴的生活。当一个人真正觉悟的一刻，会主动降低对物质的欲望，通过极简的生活方式，为生活做减法，努力达成生命的加法，即人生灵魂的升华与丰富。

做减法就是减去多余的奢求，减去过多的欲望，减去心灵的负担，减去不必要的烦恼，使人享受淡泊，心灵自由。做加法就是加入灵性的觉悟，加入智慧的光芒，加入品格的力量，使人自我完善，精神丰盈。一减一加，没有先后之分，需要在整个人生道路上同时持续不断地进行，一以贯之。

老子曰："万物之始，大道至简，衍化至繁。"大道至简是宇宙万物发展之规律，也是人生在世的生活境界。简单是一种生活理念，也是一种价值取向。简单生活是一种智慧的选择，是繁华过后的一种觉醒。一个人的精神层次越高，所追求的越是素与简。素则心不惑，简则境圆融，简到极致便是大智、大美。生活越素简，内心越能平淡安定；生活越素简，内心越是绚烂丰盈；生活越素简，幸福越靠近。

人的最好生活，就是一切去繁从简，轻盈舞动人生。简单的生活，让人轻松愉快；简单的欲望，让人自宁自安。

2.常于知足

追求幸福快乐是每一个人共同的愿望，要知道永葆幸福快乐的秘诀是什么？就是知足。人之所以幸福，不在于你如愿以偿地得到，而在于你心满意足地所有。

今天，人们处在物质极大丰富的时代，都在追求更好的生活，总想得到更多，以为拥有更多的物质享受可以换来幸福，于是人们为了生存竞争而忙碌，为了欲海难填而烦恼，这样换来的只是负担和痛苦。其实真正的幸福是活得简单，无忧无虑无愁，这只能用知足来换得。

《菜根谭》有云："贪得者，身富而心贫；知足者，身贫而心富。"知足是天然的财富，贪婪是人为的贫穷。世界上最富有的人是知足之人，世界上最贫穷的人是贪欲之人。真正决定贫富差距的，不是拥有财富的多少，而是思维水平的高低。

重内而轻外者，以精神之丰富为富有，重外而轻内者，以物质之丰厚为富有。故知足而重内者就常常富，不讲外在的物质条件，只追求内在品位，活得通透，精神世界辽阔丰富，才是真正的富有。

不知足而逐外者则常常贫，欲望太多，失去的也会越多，结果造成心里贫穷，精神匮乏。

美国作家欧亨利说："一个人如果任由自己的欲望肆意增长，那么最后他会因为这种贪婪的欲望付出生命和灵魂的代价。"人生在世，最大的祸害就是不知道满足，最大的过失就是贪得无厌。人的欲望是无穷的，就像是一个永远也填不满的无底洞。贪婪的人不知道需要的止境，更不知道需要的界限，将自己陷入欲望的深渊，给自己播下了忧愁的种子。所以，停止追求，知足知止，才是善身之道。

古人云："知足者，贫贱亦乐，不知足者，富贵亦忧。"幸福从来不是外在条件的堆砌，而是源于自己内心的富足。

一个人向外追求得越少，负累就越少，就越容易获得快乐。一个人向内追求得越深，内心越丰盈，胜过世间万千浮华，就越容易获得幸福。

若是你懂得知足，以清欢为乐，少欲无为，活得简单通透，那你与快乐就会结下不解之缘，快乐就会像阳光一样将你的日子照亮。

人生没有圆满的幸福，但有知足的快乐。物质只能带来一时的满足，却无法让人得到长久的愉悦，只要你心安知足，就能时时享受自己的快乐生活。

清人胡澹庵曾用《知足歌》来告诫世人知足是福："思量疾厄苦，无病便是福。思量悲难苦，平安便是福。思量死来苦，活着便是福。也不必高官厚禄，也不必堆金积玉。一日三餐，有许多自然之福。我劝世人不可不知足。"欲望之门并不能通往幸福，因为幸福来自心灵的知足；快乐来自精神的富有。

梭罗说："一个人放下的东西越多，他就越富有。"人一辈子贵在知足，知足是幸福的源泉，学会了知足，便收获更多的快乐，拥有更多的幸福。在这个充满诱惑的社会中，我们要怀着一颗淡泊的心，让生活简单，让生命轻松，让精神舒缓，让心灵安然，给自己开启那道幸福之门。

3. 安于简朴

美国作家海明威说过："在一个奢华浪费的年代，我希望能向世界表明，人类真正需要的东西是非常之微少的。"

人这一生，真正的生活所需，并没有太多。谁都知道，家有良田万顷，不过一日三餐，家有广厦千间，不过夜眠六尺。但因物欲迷了心窍，不知所向，追逐的脚步难以停止下来。人生最难做到的是告别复杂，回归简单，抛开身外之物，清心寡欲。一个人精神层次越高，越懂得戒掉多余的欲望，追求简单的生活品质和精神世界，将更多的心力、精力去丰富自己的内心世界。

诸葛亮说："静以修身，俭以养德。"这是做人的智慧，做人的哲学。以静思反省自己，让自己更完美，以俭朴来培养自己，让自己更高尚。静才能修身，俭才能养德，人不静心浮躁，人不俭会奢侈。浮躁让人空虚，奢侈让人堕落。由俭入奢易，由奢入俭难。俭是节约，也是节制，节俭从本质上来说是节制我们的欲望。

懂得节俭，爱惜物力、人力和时间，过勤俭节约的普通日子，不仅给人们带来富裕安宁的生活，有助于养成质朴勤劳的美德，而且减少了负担，令人身心轻松愉快。

节俭是一个人的品质，是一个人的德性，是一个人的素质，更是一个人的境界。德从俭来，一个人的德性，从廉洁、清廉、节俭中来。人生最重要的不是拥有多少财富，而是拥有深厚的学识和崇高的思想道德。有德必有得，俭的结果往往是幸福快乐的。

德国哲学家叔本华说："一个人对外在的物质要求越低，他对内在的要求就越高。"

在生活面前，我们不要愚痴颠倒，把自己的快乐和幸福，建立在外界的物质生活上面，因为所有靠物质支撑的幸福感都不能持久。

一个心灵淡定宁静的人，远离外在的浮华，让内心回归纯净，才会由内而外变得纯粹、简单和朴素。朴为专一，素为纯粹，朴素即专一纯粹。朴素之道，透过形式，洞见本质，更加彰显事物内在的价值。

列夫·托尔斯泰说："需求越少，生活越幸福，这是一条古老的，然而远未被所有人认清的真理。"简朴永远是智者的标志，简朴是幸福生活的最高境界。

爱因斯坦说："简单淳朴的生活，无论在身体上还是在精神上，对每个人都是有益的。"如果一味向外寻求舒适、安逸和奢华，而放弃了自我精神的成长，用名利将自己的心灵捆绑，难免苦多乐少。真正的幸福从不依赖外在的事物，而是内心的一种豁达、开阔和清明。

生命里，有形的占有越多，无形的就失去越多。一个人只有丢弃了那些身外之物，才会获得内心的空间；丢弃了世俗杂念，才会心地明朗；丢弃了浮利虚声，才会轻松自如。一个人的幸福程度，取决于多大程度可以摆脱对外界的依附。

以简驭繁，减去无用的社交和闲聊，减去前进路上的负重和压力，把简单还给生命，把光彩还给生活，还心灵一片平静，给生活一份从容，你将会获得一片崭新的天地。

物质至简。放下物质欲望，给物质做减法。整理房间，净化环境，清理生活中"留之无用，弃之可惜"的物件，扔掉"不需要、不合适、不舒服"的东西，处理掉堆放在家里早已成摆设的东西。控制购买欲，不买、不收取不需要的物品，不随便接受免费的东西，不囤积财物。减少看得见的东西，把自己从物质的依赖中解放出来。

精神至简。放下世俗的纷扰，给精神做减法。少思虑，少担忧，不胡思乱想。平日少操一些心，少管一些闲事，少耗一些精力，节省生命的能量，释放到最有价值、最有意义的事情上去，每时每刻都为了正确的事情而活，过着高效且快乐的生活。

社交至简。放下情感欲望，缩小社交圈。不把太多人请进生命里，人际交往越少越好，避免时光耗费在无用的应酬与无意义的社交上。任何关系走到最后都是相识一场，应有选择地去社交，不让别人与人事的喧嚣、纷扰充斥自己的生活，不让任何人打乱自己的生命节奏，要立足自身，将更多的时间投放在自己身上，深深地耕耘自己、沉淀自己，实现自我价值。

言语至简。写东西、说话，要简明扼要，言简意赅。切忌絮叨、啰唆，不断重复一个话题，或在一件事上纠缠不清。

信息至简。精简信息输入源头，少看微信、朋友圈，定期远离手机，避免信息骚扰。不关注与己无关的娱乐、社会新闻。因为大多数的信息都是无用的、无价值的、无意义的，它们的存在只会消磨掉你的时间和精力。

作家三毛说："我不求深刻，只求简单。"做人要活得简单点，简单才是生活的真谛，简单才是快乐的秘诀。

第
四
章

明心见性，回归真我

人怎么能顺应自然的规律，天地的规律，就是要在内心里保持一个宁静，一个平静。

——马克·奥勒留

认识自己，向内而生

1. 明心见性

心指的是自我本心，性指的是真如自性。明心就是明白自我本心，发现自己的真心。见性就是见到自己本来的真性，觉知自己不生不灭的本性，即自己的"本来面目"。

心性本是一物，性为心之体，心为性之用。若是把心比作浪，性自然就是水；若是把心比作镜子里的图像和色彩，性自然就是明镜。

明心见性就是让人通过修行去找回那个清净心，见到自己的"本性"，即见到了真正的自己。当明心见性时，心就是性，性就是心，心与性合而为一，称为心性。

什么是我们的"本心本性"呢？六祖慧能大师说："何其自性，本自清净。何其自性，本不生灭。何其自性，本自具足。何其自性，本无动摇。何其自性，能生万法。"

"本自清净"，让我们明白了众生本性原来就是清净的，没有一丝污染，我们要做的就是清扫自己心上的尘埃，找回那个本自清净的本我。

"本不生灭"，表达了真实境界的无常和空性，空性是万物真实的本性，超越了世俗的生死。

"本自具足"，让我们懂得人生的自性里具足智慧、具足德能、具足福报、具足一切。真正开悟了，智慧之门打开了，我们自性里具备一切，充满一切。

"本无动摇"，让我们反思自己的本性本来就没有任何妄念，是如如不动的，但妄念却是动摇的，是波动的。如果心在动摇，就不是本我，如果心不动摇，内在的状态就不会随着外在境界、意识这种分别心而转。

"能生万法"，让我们知道自性是生发宇宙万物的根源与根本，万法都是从自性里面生出来的，自性里包罗万象，我们要做的是开发自己的智慧，向内求，万法自然就出来了。

2. 修心养性

常言道："人不为己，天诛地灭。"这句话流传至今，其真正的意义该如何理解呢？"为己"不是自私、为自己。这里的"己"是人之所以为人的本性，就是自性。这里的"为"是修为、作为，做出来的意思。这句话的真正意思是如果人不修行，不把自己的天性和道德做出来，是天地不容的，也就很难在天地立足。

修行是人一生做不完的事情，所谓修行，修的是心和习气。

心变了，世界就变了。修行会带来哪些变化呢？

第一，了悟自性。如果一生都在努力追求虚妄的东西，不知外在的一切如烟花泡影，那么都依靠不得。只有我们的本性才是终极的依归。修行的真谛不是为了得到什么，而是为了放下。唯有认清实相，放下执着，永住本心的源头里，才能获得心灵的自在与安宁。

第二，智慧显现。真正的智慧无法从外求，从外求来的是知识，智慧只能从内求。我们本自具足，每个人原本都拥有智慧，没有显现出来的原因是被烦恼、妄念蒙蔽了，就像镜子一样，沾满了灰尘，就照不清楚事物本来的样子，当我们擦去灰尘，去除一切烦恼妄想之念，智慧就自然显现。

第三，心境清明。修行的过程就是在不断清理我们的妄念欲求。当妄念越来越少的时候，心会变得清明纯净。修行并不是让我们得到什么，而是让我们没有什么，没有了忧虑、悲观、愤怒、恐惧，没有了自私自利，没有了紧张、内耗。守住本心，对什么事都不当一回事，都无所谓，保持清净的气场。

若想在纷纷扰扰的尘世中，活得明白、通透、自在、安乐，就要从当下的修行开始。

3. 回归真我

人们彷徨与迷茫，心像浮萍柳絮，任随境界之风而飘荡，心定不下来，是因为不知道归宿在哪里？世间人的一切所为都是被世俗价值观所影响，生活在一种物质的幻象之下迷惑自己，把短暂情与欲的满足或者刺激误认为就是人生的快乐，每天向外追求，迷恋于外在的境界，朝朝暮暮，随境迁流，永不觉悟。

王阳明说："吾性自足，不假外求。"决定一个人的力量，并非来自物质的多少，而是来自本性的回归。每个人的本性都很足，人的本性天然是具有智慧的，很多时候，我们的天性被外界的东西所障碍，迷失方向，找不到心灵的归宿。

每个人都需要家，家的含义是两方面的，我们不仅有一个物质的家，这是生长居住的地方，还有一个精神世界的家，它给心灵一个休憩的港湾，让它空明通透、宁静心安，这才是真正的家。

人生最重要的成长是内在的成长，恢复自我本性。我们本性十足的时候，就有了很深的根系，能自己满足自己心灵的需求，可以为自己而活，做出最适合自己的决定和行动；可以虚怀若谷，不受外界影响和控制，生活中没有任何事情能干扰到自己；可以内心完整，支撑挫折和打击，没有任何事情能让自己烦恼痛苦；可以活得清净自在，活出自我本性和内在智慧。

《大学》开宗明义就是"大学之道，在明明德。"人生最大的学问在于使心中光明的道德更加光明。明德就是自性，是本来清净的本性。自性里没有欲望，没有妄想、分别、执着。明明德就是弘扬内心的善良、美好光明的品德。心是自己的，明心不明心，净心不净心，别人是帮不了忙的，最终要靠自己。人的自性才是真正的"我"，真正的自我实现，不是成就一世之功名，而是要彻底放下，恢复永恒之本性。

在平凡的生活中，要时时关照自己，觉察自己内心是清净否、慈悲否、欢喜否、光明否。努力修行，回归自性，回归宁静、光明、智慧的本心，人生就会风清月明，无尘脱俗，最终得到圆满。

4. 以心转境

人生如梦，岁月无情，蓦然回首，才发现人活着是一种心境。一个人的心境，决定一个人的处境，是痛苦地度过，还是幸福地度过，全看自己用怎样一种心境去对待人生，有怎样的心境就有怎样的人生。任何人的一生，无外乎都是处在对己和对境的状态中度过的。

对己，就是面对自己，面对自己的情感和意志，面对自己的喜怒哀乐，面对自己的整个精神世界。

对境，就是面对自己的环境，面对自己有关的人和事，面对顺逆、吉凶、祸福、穷达和贵贱，也面对聚散离合。

可以说任何人都有得意和失意之时，都有病痛煎熬之时，都有聚散离合之时。人生在世不离境，或环境，或心境，或顺境，或逆境。何为大智慧？不拒逆境，不求顺境，随缘处境，以心转境。

古今中外，每个人都必须面对自己的"心"和"境"，这是任何人立身处世的基点。在世间，我们面对环境，是环境牵着我们转呢？还是我们牵着环境转呢？在处理心和境的关系上，凡夫心随境转，心受外界影响，随着环境的变化而变化，其生命不属于自己，只属于外界的环境。高人境转心不转，对于环境是超越的，其生命完全属于自己，守住内心，不受任何环境影响。

柏拉图说："决定一个人心情的，不在于环境，而在于心境。"

境随心转则悦，身心自在；心随境转则烦，苦不堪言。内心若是安定自在，则无论身处什么样的境地，都能够悠闲自得；内心若是烦恼不堪，就算待在风水宝地，都觉得痛苦煎熬。

智慧的人生就是要引导和掌握自己的心境，无论生活掷向我们什么，是幸福，是苦难，是诱惑，是磨难，内心都不随着环境的变化而变化。

"人生由我不由天，幸福由心不由境。"人生最大的幸福是修好自己的心境。人这一生在智慧上的所有努力，其实就是为了达到一种心与境的圆融。

如何达到心境的圆融呢？要心上努力，境上随缘。修行是修内心，不是修外境。外在的环境，川流不息，变化无常，不曾为谁停止。

真正的智者不求环境改变，而是善于调整自己的心境，让自己的心安定下来，不受环境影响而动摇，保持一种淡定、平静和快乐的状态。

人处在无常变化的红尘中，要以平常心对待无常事，身在万物中，心在万物上，淡看人间事，潇洒天地间，空静安然地享受生命与生活。

5. 心量广大

真正要我们身心安泰，离苦得乐，一个有效的方法就是滋养心量。辽阔的是人心，促狭的也是人心。人心有多宽广，容纳的就有多辽阔。我们的心量有多大，我们的世界就有多大。心量是生命最佳的幸运符、护身符、趋吉避凶符。我们的心能够装下多少，我们就会得到多少，我们的心能够容纳多少，我们的生活就会有多大的富足、幸福。

人的心要装下什么呢？

一要装下自己，对自己慈悲。心量放大，豁达大度，不会因微不足道的事耿耿于怀，也不会让细微的琐事吞没了自身的幸福。心量放大，大度包容，包容自己的不完美，接受自己的平凡，接纳自己身上的缺陷，用一颗乐观的心态去为自己的人生而努力。心量放宽，所有的烦恼就不再是烦恼，只是人生大河中的一片枯叶，静静地让它飘过就是。心量放宽，所有的困难就不再是困难，只是人生高峰中的一段徒梯，咬紧牙关挺过去就是。即使生活总是风生水起，内心依然波澜不惊。

二要装下别人，对别人宽容和慈悲。心量大的人，宽以待人，能看到别人的长处，能接纳别人的短处，能记住别人的好处，能原谅别人的不是。人这一辈子，有多少计较，就有多少困扰，有多少宽容，就有多少快乐。当我们心量变大，以包容之心面向周围的事物，不见世间过，看不惯、看不顺眼的人和事就少多了。若心胸狭隘，总是看着别人的过失，就是自己往自己的心上扔石头，若看不惯他人，就是自己往自己眼里揉沙子，难受的不是别人，而恰恰是自己。

三要装下人生当中发生的任何境遇，荣辱不惊。法国作家巴尔扎克说："只有宽大的心胸才容得了我们所有的苦恼。"心量大小，决定人生的苦乐。在生活中，苦难、失意、逆境都是避免不了的，活得快乐或活得痛苦，真正的区别来自心量。如果我们的心是一杯水，一勺盐也会让人感到好咸；如果我们的心是一片海，成堆的盐也不会有咸的感觉。心量扩大了，人能容纳的能力就强了，小小的烦恼大大的心怀，就像长江东去，任千帆往来。

一个人的胸怀足够大，可以装下生活中所有的酸甜苦辣，一个人眼界足够高，可以看淡人生里所有的风吹雨打。在时光的淬炼中，让我们用一生的雅量，去悦纳生命中的万水千山。

以柔克刚，自在随缘

1. 柔弱胜刚强

柔弱比刚强更长久。老子曰："人之生也柔弱，其死也坚强。"人的生命力越是旺盛，身体的各个器官反倒柔软。人在活着的时候，身体是柔软的，死后就变得僵硬。

"万物草木之生也柔软，其死也枯槁。"草木也和人一样，在生长时期，形质是柔弱且有弹性的，能绕出地面，能绕开顽石。但是到了草木枯死的时候，草木就变得坚硬枯槁了，死树枝干生硬不能弯曲。

所以坚强的、生硬的、僵化的，是要死亡的；相反，柔弱的、顺承的、变通的是能生存的。

一般人往往把坚强的性质与坚韧的性质混为一谈。坚强是与外界抗争而保有自己的本性，遇到更强大的、更坚强的，就会受折而亡。相反坚韧是与外界抗争而保有自己的本性，无论遇到怎样的环境，都能顺势而变其形，不但知道进取，而且知道退却，敢于放弃次要的、外在的东西，以顺应形势。所以，有韧性才更有生命力。

《列子》曰："天下有常胜之道，有不常胜之道。常胜之道曰柔，常不胜之道曰强。"天下经常取胜的方法是柔弱，经常不取胜的方法是刚强。刚劲的不一定就强大，柔弱的不一定就弱小。柔能克刚，正如水滴是柔软的，石头是坚硬的，最终却能水滴石穿；绳子是柔软的，木头是坚硬的，最终却能绳锯木断，柔是一种处事办法，一种智慧。

《列子》曰："欲刚必以柔守之，欲强必以弱保之。积于柔必刚，积于弱必强。"要想刚强，一定要用柔顺守住它，要想强大，一定要用弱小保持它。因为柔顺积累多了一定会刚强，弱小积累多了一定会强大。

刚柔相济是一门艺术，刚就是阳，柔就是阴，一阴一阳之谓道，阴阳和合才是最佳状态。太柔了会萎靡不振，太刚了则容易折断。

诸葛亮有云："善将者，其刚不可折，其柔不可卷，故以弱制强，以柔制刚。纯柔纯弱，其势必削，纯刚纯强，其势必亡，不柔不刚，合道之常。"

刚，要刚在尊严，刚在人格，刚在品行。关涉大局、人格和节操时，必须"其刚不可折"。

柔，要柔在胸怀，柔在气度，柔在姿态。无关宏旨之处，不妨退避示弱，然而柔而有度，"其柔不可卷"。

所以，做人做事一定要刚柔并济，刚中带柔，柔中有刚，这样才合乎大道，才能获得成功。

《后汉书·黄琼传》云："峣峣者易缺，皎皎者易污。"其意思是，性格刚直者，难免遭人非议；品性高洁如玉者，最容易受到污损。刚者易折，柔者善存，人生需要柔和变通。风吹芦苇而不迁移，柔在其中；尺蠖屈伸，柔在其中。芦苇外柔内刚，尺蠖志向存于屈伸之间，皆刚柔相济之功用。人生需要学会变通转圜，刚柔相济。

施耐庵在《水浒传》中说："柔软是立身之本，刚强是惹祸之胎。"聪明的拳师往往退让一步，把拳头收回来是为了更有力地还击，而愚人则气势汹汹，劈头就使出全副本领，结果却往往被退让者打倒。过分的刚强，不如适度的柔韧。

刚，往往性脆，脆则易折断；柔，则有韧的一面，韧则相对长久。由此可见，一味执拗不知变通是无法长久的。我们应该多一点韧性，能够在必要的时候弯一弯、转一转。

太坚强的东西，容易折断，唯有那些不只是坚硬，而更多有一些柔韧弹性的人，才可以克服更多的困难，度过更多的挫败，成为"不倒翁"。

2. 善于知止

知止是一门研究人生如何出处、进退、行止的学问，是研究一个人如何安身立命的学问，也是净化心灵、提升人生境界的一门学问。深谙此道，就可以悠然自在，俯仰自得。知止是一种智慧，也是重要的人生修养。

什么是知止？"知"是知见，知见可以是妄念，也可以是智慧。"止"是停在某个地方不动的意思，如果把你的心停在不应该停的地方也是"止"，但这种"止"叫执着、固执。如果把你的心停在该停的地方，这种"止"叫放下、持守。知止，知道停止，知道止步。知止，提醒人们要有自控力，懂得自我克制、自我而止。

人的一生，很多时候，不做比做更重要。学会止，当进则进，当退则退，当行则行，当止则止，当取则取，当舍则舍，才是立身长久的不败之道，才能稳稳地过好自己的一生。

法国作家大仲马说："上帝给了人们有限的力量，但却给了人们无限的欲望。"知止就是知道人生是有限的，我们只有有限的岁月、有限的体力、有限的智慧、有限的财富，人生是求不完的，不能贪得无厌。只有使生活简单，才能在有限的条件下求取最丰富的生活。

《史记》中说："欲而不知止，失其所以欲，有而不知足，失其所以有。"人人都有欲望，但贵在"知止"。有欲望而不知遏止，连原来的欲望也会失去，有所得而不知满足，连原来有的也会失去，唯有"知止"，见好就收，才能以"得"为终。曾仕强说："做到知止才能有吉，也才能无咎。"我们若能心有敬畏，行有所止，知止而止，则可以无过失、无灾祸，行得踏实顺当。

那么如何做到知其所止呢？简单地说，就是要学会放下。我们要放下什么呢？放下内心太多的思虑、挂碍，放下多余的贪求，放下生活中不必要的东西，放下一切妄念、执着、分别，放下人生的得失祸福。

朱荣智教授说："人生得意的、失意的、喜欢的、不喜欢的、快乐的、不快乐的，全部要放下。人生没有什么放不下的，因为我们迟早全都要放下。"看透是智慧，放下是功夫。

庄子在《人间世》中说："虚室生白，吉祥止止。"虚寂生智慧，空旷生明朗。人如果静下来，像空房子一样清除了杂物和垃圾，把心中的杂念摒除，致虚守静，则智慧通明，心中充满阳光，自然会一派清净安详。从修行来说，要达到吉庆安详，就要让心念不散乱，不打妄想，放空自己，停留在一切静止的状态，达到"止"的境界。

3. 恪守中庸之道

《资治通鉴》云："物极则反，器满则倾。"世间万物都有其平衡的支点，这个平衡点是为度。

在"度"的范围之内是阳光灿烂、风光无限，超过这个范围，就可能乌云密布，事物的性质就会发生变化。

凡事有度，是一种进退自如，是一种审时度势，更是一种道德修为。凡事有度，过犹不及，打破了这个度，便破坏了必要的平衡。

凡事别求太满、别做过头，事事要留有余地，否则，易生颠倒。真理过头就成为谬误，理想过头就成为空想，自信过头就成为傲慢，精明过头就成为狡猾，谦虚过头就成为虚伪，原则过头就成为刻板，随和过头就成为盲从，宠爱过头就成为溺爱。

凡事也不能不足，当某一个方面不足的时候，必定会与之相应的方面出现多余。德不足多欲，道不足多术，精不足多淫，气不足多食，思不足多言，爱不足多情，识不足多虑，智不足多疑，威不足多怒，量不足多怨。

西班牙哲学家巴尔塔沙·葛拉西安说过："智者阅历万千，整理毕生智慧，常浓缩为中庸。凡事不能不足，也不能过正，否则就会犯错。"

什么是中庸？中庸是一种认知，是一种体悟，是一种生活态度。任何时候都要把握好一个适度，过分与不及都不能称为中庸。这个世界是一种平衡，营养越丰富，人的生理功能就会越衰弱；社交工具越发达，人与人的距离就会越疏远。人一辈子要遵循中庸之道，凡事要永远保持平衡，永远保持在一定限度之内。度彰显的是一个人的修养，展示的是一个人的内涵，掌握度方能过好这一生。

老子说："知足不辱，知止不殆，可以长久。"人的一生，要认识到过分的欲望追求带来的灾难后果。一个人能够知足常乐，就不会贪得无厌，才不会受辱，懂得适可而止、量力而行，就不会遇到危险。只要守中，在心理上知足，在行为上知止，才能获得长久的安稳人生。

4. 有所为有所不为

《孟子》有云："人有不为也，而后可以有为。"有所为有所不为，是一个人的做人原则，也是一个人道德修养的体现。知其可为而为之，知其不可为而不为，是谓君子之为与不为之道也。

一个人要有自己的原则，为人处世，要对自己的行为负责，懂得取舍，做应该做的事情，不做不应该做的事情，做可以做的事情，不做不可以做的事情，做能够做得到的事情，不做做不到的事情。

一个人立身于世，谁都愿意做自己喜欢的事情，可是，做自己该做的事情才是应坚守的重要原则。法国哲学家笛卡尔说："要尽量知道在整个人生中，什么是该做的，什么是不该做的。"

在做事时，要审时度势，懂得权衡，有所取舍。在生活中，勿言无益身心之语，勿为无益身心之事，勿近无益身心之人，勿入无益身心之境，勿展无益身心之书。

有所不为才能有所为，作家王蒙说过："无为，不是什么事情也不做，而是不做那些愚蠢的、无效的、无益的、无意义的，乃至无趣、无味、无聊，而且有害、有伤、有损、有愧的事。无为就是把有限的精力、时间节省下来，去做有为的事。"

无为是效率原则、节约原则，无为是有为的第一前提条件。无为又是养生原则、快乐原则，只有无为才能不自寻烦恼。无为更是道德原则，道德的要义在于有所不为而不是无所不为。这样可以使自己脱离低级趣味，脱离鸡毛蒜皮，脱离蝇营狗苟。

人要无为自守，心无妄思，足无妄走，人无妄交，物无妄受，保持觉知，不可任性而为。无为是一种境界，是一种自卫自尊；无为是一种聪明，是一种哲学的喜悦。

5.抱残守缺

世间根本不存在完美的事物，这是一个我们无力改变的事实。南宋词人辛弃疾写道："叹人生，不如意事，十常八九。"古人早已参透人生，没有一个人的生命是不充满缺陷的。我们越早接纳这一事实，就能越早打开心扉，以免浪费大量的精力去寻找不存在的东西，早日用平和的态度接纳生命里的一切不完美，活出最美的自我。

古罗马诗人贺拉斯说："在这世上根本就没有什么完美无瑕。"在这个有缺陷的世界上，没有一个人的人生是圆满的。各有各的不足，各有各的难处，各有各的无奈，各有各的烦忧。有人缺钱，有人缺爱，有人缺智慧，有人缺机遇。现实就是以缺憾的形式呈现在我们面前的，并无处不在地伴随着我们。

太阳升到最高点就会向西偏，月亮满圆以后就会亏缺。"人间随处有乘除"，人世间本来就如天秤一样，这头高了，那头就低了，这头低了，那头就高了。人的一生其实就是一半一半，有通达的时候，就有困窘的时候，有得的时候，也有失的时候，每有得意之时，就有失意之事相随。

聪明得太过分了，常常很少有福德恩泽，顺利的境界太久了，一定会有波折灾难，福过灾生，誉过谤至，在天下有益的事情中，都有坏的因素在里面。就是因为不圆满，因为种种遗憾，那才叫人生啊！

林语堂说："人生不完美是常态，而圆满则是非常态，就如同月圆为少、月缺为多的道理是一样的，如此理解人生，那么我们就会很快变得通达起来，也逍遥自适多了，苦恼和晦暗也会随风而去了。"

人活一世，不可能事事都如愿，没有任何完美，不带遗憾，没有任何满足，不带缺陷。不论我们怎样努力，依旧会有遗憾，不管我们如何追求，依然会有不满。"完美"的存在是基于理性的假设，只有我们接受生命中的不完美，接纳人生中的不如意，天地才会无限宽广、一派大气。

奥地利心理学家阿尔弗雷德·阿德勒曾说："接受真实的人生，而不是完美的人生。"人生无须完美，只有不完美的人生，才是最真实的人生。

我们的成熟由两部分组成，一半是对美好的追求，一半是对残缺的接纳，追求完美是美好的理想，接受残缺是美好的心态。

天道忌满，人道忌全。人生最忌讳的就是太圆满，一切太满足了是很可怕的。北宋学者胡安国说："人不能要求事事称心如意，要常有些不足的地方才好。往往是刚刚得到称心满意，就会有不如意事情出来了，我每次经历试验都是这样，丝毫不差。"

杭州灵隐寺中有一副对联："人生哪能多如意，万事只求半称心。"人的一生，要行"半"字之道，凡事不求全、求圆，要抱残守缺，过"半称心"的生活。不求时光美满，只求岁月无忧；不求大富大贵，只求平安无事；不求得到福气，只求免除祸殃；不求繁花似锦，只求安然自在。于是岁月安然，平平顺顺。

世间当有万全法

1. 以不变应万变

世上万事万物有变就有不变，它们是同时存在的。走过几十年的春夏秋冬，我们既看到了事物的变化，也看到了事物的不变。不变的是原则，万变的是表象。不变的是永恒宇宙，变的是人生沉浮；不变的是四季轮回，变的是季节更替；不变的是高山流水，变的是来往人群；不变的是光阴似箭，变的是人情世故。什么都在变，我们也在变，在变与不变中，要持经达变，持不变的原则来应万变的表象，以静制动，圆融地应对世事。

世界千变万化，不变的是本性与初心，所有的一切都在变化，我们可以守住自己的内心保持不变，保持平静。

什么是内心的平静？这是人的一种全身心放松的状态，万念放下，意守中空，心灵静到内无一念，外无一物。

真正的幸福是一种"静"，生活的平静，内心的宁静，生命的安静，静静地面对自己的人生，静静地面对这个世界，静静地享受当下，才能活出智慧，才是真正意义上永恒的福祉。

静是心灵的一方净土，是出世的涵养，入世的修行，是阅尽人间繁华后的一种平静安定，是追逐世事名利后的一种超脱释然，是经历世俗得失后的一种透彻安宁，是感受烟火沧桑后的一种睿智心态。

静是心之根，是一种力量，是一种超脱，是一种意境，是一种修养。

一个静字里，藏着人生的万般智慧，静能开悟，静能生慧，静能安神，静能致远，静能与自然融合，与天地同体、万物同在。

人活着，就是活一种精神，一种心境，一种心态。在经历了风风雨雨之后，我们会发现，我们一直寻求的心灵归宿其实就是内心的宁静。内心平静如水的人，是无声而有力量的人。宁静不是身处一个没有困扰和辛劳的宁静之地，而是在那不平静的日子里，也能过得像白云一样轻盈，像微风一样自由，像流水一样从容，像高山一样淡定。

为人一生，无论何时，都要学会安顿自己的魂灵，无论外在的世界多么纷扰，内心都要保持平静，以出世之心做入世之事，保持一种超然从容。真正的修行者，不以物喜，不以己悲，不会被外在的事物牵动内在的情绪，做到任何东西都不能让自己心动。

人世间，投放在我们生命当中的诸多事相，无论什么事终成往事。因此，凡是看过、经历过最后都放过自己的内心，不动情、不纠缠、不较劲、不强求，不让遇见的每一个俗人、每一件俗事给自己带去不必要的痛苦和烦恼。通过修炼，冷眼观红尘，淡定度春秋。用顺其自然的心态，过轻松自在的生活，用随缘应变的态度，过随遇而安的人生。

天地常在，人生无常，"变"才是不变的常态。生命的美，不在于它的绚丽，而在于它的平静。从容看人间，宁静在自我，只有让生命回归宁静，才能更好地体味人生、感受人生；才能笑看这人事变幻，沧海桑田；才会平静穿过尘世，经受住世事无常的冲击，不为世事变化随之起舞；才能做到外化内不化，以不变应对万变，用简单的心境对待复杂的人生。平静的生活是最智慧的生活，平静的生活是最自然的生活。

2. 看破放下

在人世间，有多少人活在没有光明智慧的状态里，处在无明中。由于无明，就会带来无明的烦恼和结果。要想超越无明，就要放下执着。人生最极致的修行，就是放下。

人生在世，我们有很多放不下的东西，这些放不下的东西，会让我们变得压抑，越来越沉重。

我们从"无"中来，到"无"中去，人生不过如花开一瞬而已，恍如流星流逝一样，稍纵即逝，对于人世间的过往云烟又何必过于执着呢？

人生真正的归宿是心地清净和解脱，只有学会放下，才能用更轻松、洒脱和自在的人生姿态去面对生活，去经历岁月，去稳住自己，活出那份洒脱、轻松和快乐。

不知道放下，如何能够获得？须知"春种一粒粟，秋收万颗子"，春天不舍，哪来秋天的收获。以舍为得，妙用无穷。

万物如浮云，放下自然轻。放下，是一种世事洞彻的豁达，一种睿智的清醒。放下，是一种真正的拥有，拥有一块心灵的净土，拥有更为广阔的天空，拥有人生的解脱，拥有更美好的生活。

（1）放下我执。

人往往活得很自我，执着于自己，活在自我的世界里。一位智者曾经说过："一切痛苦的根源都来自于执念。"所有的执念都会给人增加负担，增加烦恼，增加压力，都会扰乱人的平静心。可以说，自我是人一生很大的障碍。当一个人在生活中每时每刻能够淡化心中对我的执着，就得到了解脱，收获安乐。那么，什么是我执呢？

第一，执着我身。老子曰："吾所以有大患者，为吾有身，及吾无身，吾有何患？"意思是说，所有的忧患，都是因为把身看得太重了而产生的，所有的私心妄念，也是因为身的存在而产生的。人们劳碌奔波，忙于衣食住行，都是为了这个身。由于有己，把自己困在自私之中，产生数不清的贪婪、忧愁、挂碍，产生计较利害得失。在生活中，会不断与周围事物发生摩擦，经常受到喜怒哀乐感情的折磨，耗尽精力，造成生理、心理和精神的痛苦。

　　第二，执着我见。我见就是固执己见。我觉得这个是对的，那个是错的，我觉得这是有理的，那是不妥的，便以此理要求别人，这样会带来认知偏见及矛盾。当别人不符合自己的意愿，事情没有按照自己希望的方向发展，到最后，并没有获得自己期盼的结果，就心生烦恼，自我折磨。人生实在没有非如何、非不如何的事。要放下自己的主观意识，对人对事不可求全责备，不要跟别人过不去，也不要跟自己过不去，多花时间去修炼不完美的自己，少浪费时间去期待完美的别人。

　　第三，执着拥有。我执会导致人自私自利、欲望丛生，追求拥有。要明白世间所有的东西都不是自己的，无论追求得到了什么，也只不过是暂时的拥有而已，转眼都飘散如烟。想起曹雪芹的《好了歌》，可以让人感悟一下："世人都晓神仙好，惟有功名忘不了；古今将相在何方，荒冢一堆草没了。世人都晓神仙好，只有金银忘不了；终朝只恨聚无多，及到多时眼闭了。世人都晓神仙好，只有娇妻忘不了；君生日日说恩情，君死又随人去了。世人都晓神仙好，只有儿孙忘不了；痴心父母古来多，孝顺儿孙谁见了？"这是让我们看破所有那些你看上去很好的东西，财富、权势、名利，都是靠不住的，到最后都变成"了"。那些我们看得见的所有事物，都是无比短暂的。在时间的长河里，没什么是可以真正意义上得到的。如果勘破了这一点，就能降低执念，远离欲望的陷阱，对世俗物质无所追求，有亦可，无亦然，这才是我们对身外之物应有的态度。

　　凡是痛苦之所在，必有离苦之道。解脱束缚的唯一途径就是放弃自我的执着。若能放下我执，好好修身，进入无我的境界，就走向快乐，走向安详和自在。心中无我，就会俯仰无愧于天，行止无愧于地，立于天地之间是一个堂堂正正的人。心中无我，就如松横徒岩，风霜雨雪不改其姿；就如日月经天，云飞雾扰不减其辉。无我，实乃人生大智慧，做人的大境界。

（2）放下妄念。

人的智慧是具足的，都有能够觉悟的自性，但是因为无明所障，被世间的种种虚妄所遮蔽，看不到世界的真实，从而产生种种妄想、执着。

当自己的妄念妄相放下了，达到空明的境界，回到了清净本心，就会开启智慧，得到幸福快乐，活出无比自在的生命状态。

人心是世间最活跃的东西，凡人的心从来没有安静过，一天到晚，想东想西，妄念纷飞，犹如海洋不断涌起的波涛，一念动万念随，起伏难平，生活烦恼不断，内心困苦不堪。执念就是妄念，妄念在何处？在欲望处。欲望是产生一切烦恼的强大力量，正是欲望引诱得人的妄心炽热无比。

人最开明的时候，不是执着的时候，而是放下的时候。执着于一念，将受困于一念，一念放下，会自在于心间。心静了，念头也就安定了，心若安定，万事从容，悠然行走于天地之间。

（3）放下分别。

庄子在《齐物论》中以高远明达的境界来看世界，认为天地万物并没有所谓差别，原本是同一的，无所谓彼此、是非、美丑，这些差别和对立都是人为的结果，是人添加给事物的。

分别是什么呢？分别就是头脑思维的判断认识。分别就是你在思考的时候有一个所分别的对象。比如说，这是对的那是错的，这是好的那是坏的，这是应该的那是不应该的。

其实一切境界本自非长非短、非好非坏，乃至非有非无，人们内心却总是生出长短、好坏、是非、得失、有无等知见，人为地给事物贴上标签，加以分别。

在日常生活中，如果你被分别思维所操控，一味去辨别区分，执着纠缠，这样会让你疲惫，让你忧虑，让你痛苦，让你在计较是非中打转，自寻烦恼，空耗精神。

我们在生活中经常受着问题的困扰，可能因为一件小事而烦恼，其实事情本身往往没有我们想象得那么严重，而是我们的想法使事情变得严重，或者说，问题本身不是问题，只是把它变成问题。

希腊哲学家埃皮克提图说："影响人们的并非事物，而是人们对事物的看法。"

我们遇到什么事并不重要，重要的是我们做出什么反应。在生活中，折磨、困扰我们的往往不是事物本身，而是我们对这些事物的态度、看法和反应，是我们执念太多。

执念便是障碍，障碍我们的不过是一些思维概念而已，只是我们执着于那些思维概念，执着于那些经验成见，被这些思维、经验操纵，被内心世界里是非、对错的界限操纵，被自己设定的规则操纵，所以，我们才会有那么多恐惧、担心、忧愁和不安。

莎士比亚说："世上本无所谓好与坏，思想使然。"在这个世界上，没有什么事情是绝对的，一成不变的，站在更高的角度看，这些分别或者根本不存在，或者有其相通互济的地方。只要我们起了相对的念头，就会扰乱破坏我们原本的那颗清净心，而让心为妄想所占据，陷于纷扰不安之中了。

要想从根本上解除苦恼，就要扬弃我们意识中根深蒂固的分别的念头，无论何念，不必去区分好坏，不必去定义高低，不要给发生的事物套上是非、对错等概念，它们都是不可分割的整体。没有分别心，便没有了界限，不会走向任何一个极端，就会永远只活在事实里而不是活在看法里，我们就成了真正意义上的自由人。

生活在世间，要怀有一颗平等心。用平等心面对人世间的所有人、所有事、所有物，外不起分别，内不生对立，自然生活从容。

当有一天自己从世间万物的分别里解脱出来，眼见不生分别，耳听不生分别，以平等心，过着没有欣厌取舍、没有祸福得失的生活，就会活出高频的人生。

（4）放下忧虑。

庄子说："人之生也，与忧俱生。"一个人诞生，他的烦恼跟着一起诞生，知其无可奈何，而安之若命，放下忧患，学会消遣世虑，自有一世清欢。

"人生不满百，常怀千岁忧。"凡人的心总是不能得到安定，时常随着境遇的改变而忧愁善感。人一辈子不过百年，何必思绪万千，忧愁千载，整日愁眉不展？这些忧愁，皆因"执念"二字，心里想多了，不但不能改变一切，反而会增加更多的烦恼，实在是一种煎熬和折磨。

许多时候，真正让人心烦的，根本不是事情本身，而是内心对这件事的想法。

常言道："有心者有所累，无心者无所谓。"人要是心窄，成天想着今天、愁着明天，把什么事都看得很重，事事往心里搁，处处担心，忐忑不安，忧心忡忡，闲愁万种，生活还有什么意思呢？识不足则多虑，过多的焦虑担心，都是自己见识浅薄造成的，是徒劳的内耗。

山本无愁，因雪白头；水本无忧，因风而皱。活在这个世间，你多想什么，就会为什么所累；你担心什么，什么就会烦扰你；你忧虑什么，什么就会折磨你。

臧克家说："豁达自乐春常在，心无忧烦寿亦长。"人生不如意事十之八九，只要"不思八九，常想一二"，乐观豁达，无忧无虑，就活得轻松自在，安康长寿。

杨绛说："人间不会有单纯的快乐，快乐总是夹带着烦恼与忧虑。"在这个世界上，你再优秀，也不可能万事无忧；你再豁达，也不可能没有烦愁。人只要活着，便注定要经历无尽的烦恼，是纠结其中，还是超脱其外，全在于自己。要紧的是独守己心，不让一些烦心事进入内心。

"人生本过客，何须千千结。"与其痛苦地担心忧虑，不如用自己的智慧化解掉生活中琐碎的烦恼，清空心中一切忧虑，释怀所有，用轻松的心情走自己的路，用豁达的心态享受风景。

（5）放下得失。

这个世界是遵循得失守恒定律的，凡事都有得有失，有多少得到，就有多少失去。得与失本身就无法分离，你以为的得到，可能是一种失去；你以为的失去，反而是一种得到。

若要有所得，必有所失；得到了成熟，就失去了天真；忙于事业，就失去了清闲；选择安逸的生活，就缺少了风雨的磨砺；拥有了喧嚣的城市，就丧失了寂静的山村；想要小溪的清澈，就看不到大海的磅礴。

失去也意味着一种得到，失去了绿色，却得到了丰硕的金秋；失去了旭日，却迎来了晚霞。

若无所失，便不能有所得。磨炼换来成长，辛勤带来收获，寡欲得到清心，泪水领略人生百味，挫折引领成功之路。

世人什么都想得到，却不知失远大于得；七十二行，能择几行？天下美景，能览几处？总有人长嘘，得不偿失；总有人短叹，失之交臂。

东汉学者许劭在《予学》中说："大得莫及生也，大失莫逾亡也。"整个人生无不是一个不断丧失的过程。就其最终结果来说，失去反而比得到更为本质，生是得，死是失，人迟早要失去人生最为宝贵的生命，随之也就失去了在人生过程中得到的一切。

荀子说道："小人其未得也，则忧不得，既已得之，又恐慌失之。"未曾得到时，担心得不到，得到后，又担心失去，如此挣扎在追求与放弃之间、纠结在取舍与得失之间。要明白把自己的意念纠结于得失成败，不如把精神放逐于远山沧海之间，那里有辽阔的虚空、无限的能量。人生的痛苦，大多都是因为不懂得失之道，人因无而有，因有而失，因失而痛，因痛而苦。

泰戈尔说："一个人到了忘怀得失的时候，他实际上已有所得。"悟透得失，才能真正拥有。

常言道："花开花谢，时去时来。"不把一切看得太重，心无所得，心无所失，一切随缘，不管得与失，淡然随之去，如此，人生才能活得海阔天空，淡定从容。

(6) 放下苦乐。

弗洛伊德说："追求快乐是人类的天性，经历苦难是人生的必然。"美国诗人朗费罗说："痛苦与欢欣，犹如光明与黑暗，是相互交替的。"快乐和痛苦就像大自然安排的昼夜，没有了昼的光明就无所谓夜的黑暗，没有夜的宁静就没有了昼的喧闹。太阳有起有落，人生有苦有乐，苦乐是守恒的。要知道，快乐不是我们的归宿，痛苦也不是我们的归宿，只有内心宁静才是我们真正的归宿。

要真正解脱，苦乐都要放下。人生的苦与乐，皆源于心。如果放下执念，不以苦为苦，何苦之有？不以乐为乐，何乐之有？无苦无乐，不存苦乐二念，乃名大乐。

在事物的真相里，快乐和痛苦只是一体两面，相互依存，随时在相互转化。作家王小波说："人活在世界上，快乐和痛苦本就分不清。"乐是苦的因，苦是乐的果，因为所有的快乐都潜伏着痛苦，所有的痛苦都隐藏着幸福，世上没有哪种生活只甜不苦，也没有谁的人生只苦不甜，总是苦里藏着甜，甜里夹杂着苦，苦乐相随，喜忧参半。

要想获得幸福，就必须要学会苦中作乐，在日常琐事中去体验痛苦，并在痛苦中去感受那种微妙的快乐，经过痛苦的隧道，迎接欢喜。

第
五
章

安于孤独，坚持自我

在人生道路上，每个人都是孤独的旅客。

——季羡林

安于孤独

　　每个人都是一个个体，社会就是由无数个体组成的。人是社会性的，社交是天性使然。一个人的一生不可能脱离社会而存在，但是每个人都生而孤独。

　　丹麦哲学家克尔凯郭尔说："个体存在的本质就是孤独的。"人作为一个独立的个体，终其一生都是孤独的行者，从出生到死亡，孤独如影随形，万般滋味，自己品味。在这个世界上，生活是自己的，没人能够长久地陪伴我们，唯一能够陪伴我们的，只有我们自己，所以要"活自己"，保持精神的独立，掌握自己的人生，活成自己的依靠。

1. 人是孤独来去的

　　作家余华在《活着》中说："最初我们来到这个世界，是因为不得不来；最终我们离开这个世界，是因为不得不走。"

　　每个人都像一粒尘埃，无声无息地飘落在这个世界上，最后又悄无声息地离去。

哥伦比亚作家马尔克斯说："生命从来不曾离开过孤独而独立存在。无论是我们出生、我们成长、我们相爱，还是我们成功失败，直到最后的最后，孤独犹如影子一样存在于生命一隅。"

每个人的人生都是孤独的，人生的本质就是一个人前行。我们来到人间，都是时间的过客，渐行渐远，缘起缘灭，最后回归自己的孤单。

法国哲学家加缪说："死亡是我们无法摆脱的，每个人都有自己的死。"无论过多少年，我们都将离去，消失在苍穹之下，我们奋斗一生，留不下什么，我们执着一生，带不走什么，随着时间的推移，慢慢会被人遗忘。人至暮年，回望人生，深切体会到"生命中曾经有过的所有灿烂，终究需要用寂寞来偿还。"所有的繁华，最终都将以孤独谢幕，时间会磨平人存在过的一切痕迹。

2. 心灵是孤独的

在社会生活中，表面上热闹繁华、你来我往，但灵魂深处是孤寂的。

日本哲学家三木清说："孤独不是在山上而是在街上，不在一个人里面而在许多人中间。"这种孤寂不是身旁的空荡，而是心间的荒无人烟。

这个世界不存在两个完全一样的人，必然也不会存在着完全一样的心灵。人的一生中，就算一路有人同行，并不能互吐心中的一切，找不到真正彼此相通的心灵之友，虽然活在无数他人中间，又无法与他人理解沟通，孤独是终极的。

大仲马说过："在这个世界里，每一个人都以某种尺度去衡量事物，因此他们无法与旁人得到同样的见解。"每个人都是站在自己的认知角度思考问题，由于认知思维不同，所处的位置、环境和经历不同，看问题的角度不同，彼此的心灵难以共鸣，意识难以连接，思想难以共通。因此不要指望别人都和你的见识一样，不要期待别人的理解和认同。

庄子说："井蛙不可语海，夏虫不可语冰。"说的就是有些东西，不是一个世界的人是不会懂的。在与人交流中，别人都说自己想说的，听自己想听的，多数情况是你说你的，我说我的。不是一路人，就不会在一个语言系统里，不在一个语言系统，就不会在同一个世界中，当你只要和另一个与你思维迥然相异的人一交流，立刻就感觉到之间有千山万水的距离，虽然操着同一语言，然而表达的却不是同一意思，即便你千言万语，也未必能懂，你再怎么加强语音，甚至加以辅助手势，也无济于事。我们往往很难通过一个人的言语举止而直达心灵。无论我们怎么敞开自己，都无法让任何人走近那片心灵领地，别人可以参与我们外在的行为，但是无法参与我们内心的感受，别人可以参与我们的交流，但无法参与我们的思考。

我们不得不接受这样一个残酷的事实，没有人真正能理解我们，也没有人能真正读懂我们，因为没有人经历过我们的经历，没有人能体验我们面对每一个状况所经历的心路历程。

英国小说家毛姆说:"我们非常可怜地想把自己心中的财富传送给别人,但是他们却没有接受这些财富的能力。因此我们只能孤独地行走,尽管身体相互依傍却并不在一起,既不了解别人,也不能为别人所了解。"

3. 生活是孤独的

人活一世,唯一靠得住的只有自己。这个世界,不管是谁,都是你的过客,不会有人永远陪在你的身旁;这个社会,不管是谁,人人劳碌奔波,很少有人时刻将你放在心上。这个世间,除了真正诚心待你的父母之外,没有哪个人能够给你依靠。人生的道路,每个人都是踽踽独行,无论顺境逆境总要一个人去经历,也要一个人去面对。

美国诗人威尔科克斯说:"没有人会拒绝与你共饮美酒,然而生活的苦水你只能独自品尝。"

当你遇到困境时,你怎么痛苦,只能独立承受。你怎么艰难,只能独自挺住,你的心情多么低落,没有人陪着你一起悲伤。你无论如何穷困,你自己总是伴随着自己。你无论如何倒霉,你自己总是不离开自己。人生说到底,酸甜苦辣要自己尝,喜怒哀乐要自己扛,风霜雨雪要自己挡。

在现实生活中,每个人都会有苦衷,每个人都会有难题,每个人都会有难事,没有谁会无缘无故地帮助你。有人帮你是善事、是情分、是道义,无人帮你是本分,人家不欠你的,没有人该为你做什么,因为生命是你自己的,你得为自己负责。

人生这场戏，孤立无援是常态。所以，无论何时何地，你要有骨气、有志气，有难自当、有苦自受，疼了藏在心里，苦了埋在心底。没必要把自己的苦楚，展示给别人看，别人看得只是热闹，独立坚强的只有自己。当你看透了人心真假，看懂了现实冷酷，看穿了世态炎凉，看清了社会残酷，看明了人生从来靠自己成全，毕竟只有自己才与自己生死与共，休戚相关。

4. 和谐相处靠距离

叔本华说："人就像寒冬里的刺猬，互相靠得太近，会觉得刺痛；彼此离得太远，却又会感觉寒冷；人必须保持适当的距离才能过活。"人与人之间，无论彼此是什么关系，都应保持适当的距离和空间，与人保持若远若近、若即若离，这样才会长久。

大多数人都是凡俗之人，人与人之间的误会、争执、利害的冲突，多半都不是因为彼此太疏远，而是因为彼此太接近。跟谁走得太近了，没有了界限，都会是一种伤害。人与人之间最好的关系是欣赏彼此的长处，尊重彼此的不同，守住彼此的界限，不去插手别人的生活，也不让自己城门大开。人类的所有美感其实是一种陌生感和遥远感。一览无余了，只会徒生厌倦。你陌生一些，能让人敬畏，你稍熟悉一点，会使人漠视。人与人之间和平相处，是靠我们之间的距离，而不是靠我们之间的往来，由此可以看到人与人之间的疏离是绝对的，人在本质上是孤独的。

安享独处

社会交往是人的基本需求，我们不能没有朋友，不能没有社会活动，但我们同样也需要独处。我们既要学会融入社交，也要学会去享受自己独处的时光。

作家曹又方说："活在世界上最重要的一件事，便是学会独处，这才是万事之本。"

独处，顾名思义，就是跟自己在一起，自己陪伴自己，自己聆听自己，自己与自己对话。

独处的含义，并不是独自一人无所事事的消磨和荒废，也不是远离人群一意孤行的冷漠和孤僻，而是为自己保留一个开阔的空间，一种内在的从容。减少不必要的应酬，避免低质量的社交，腾出时间和精力，在安静中精进学识，在闲暇时陶冶情操，在孤独中修身养性，收获深刻的自我成长。

外面的世界很精彩，但也很繁杂。有着过多的红灯酒绿，却欠缺了些深沉和内涵。要知道，热闹中难做自己，喧哗中难求慰藉，群欢中难觅知音。

没有独处，便不会有充实的内在生活，学会如何与自己相处才是人生的根本。

意大利导演费里尼说："独处是一种特别的能力。因为它能给人一个独立的空间、一份自由，那是一种心灵的放逐。"

人们往往把交往看作是一种能力，却忽略了独处也是一种能力，具备这种能力并不意味着不再寂寞，而在于安于寂寞并使之更深层地进取、更高层地觉醒，活出独立的人格、高贵的自己。

独处是一种优雅的生活享受，独处时，与孤独为伍，与寂寞为伴，静美随之而来，清静随之而来，温馨随之而来，使心灵变得祥和安宁，心境变得清澈如水。

享受独处，并不是卖弄深沉、自命清高，而是给自己留下一片净土，在独自的空间里取悦自我，乐享自我那一份追求、进取，沉淀自我那一份充实、提高，让生命在沉寂中独自绽放，让灵魂在孤独中净化升华。

1. 独处自省

苏联教育家苏霍姆林斯基曾说过："没有自我教育，就没有真正的教育。"这就是说，真正的教育是通过自我教育而实现的。自我教育从何而来呢？靠的就是自我反省。自我省察，才是开启一个人心智成熟的开始，也是开启自我成长的飞跃。所谓自省，是根植于内心的教养，是自我认知、自我觉察、自我提高、自我成长。

苏格拉底认为："未经反省的人生是不值得过的。"反省是认知自己的秘诀，是智慧之开端，是进德之根基。一个人，需要窗户来看外面的世界，需要镜子来看自身的不足。有了"自省"这面镜子，可以照见人心灵上的污浊。

一个人在尘世间走得太久了，浸泡于世俗生活中，心灵不可避免地染上尘埃，使原来洁净的心灵受到蒙蔽。为守候自己心灵的净土，唯有不断清洗自己灵魂，才能抵制世俗的诱惑，不断完善自己。这面镜子，它也能将人的错误、过失清清楚楚地照出来，使人能够看到自己的不足，虚心检讨自己、知过改过。

人类最伟大的力量不是创造，而是自省。自省，是认清自己的必修课，也是修炼自己的必经之路。

曾子说："吾日三省吾身。"独处是一种非常好的自省方式，真正的成长来自我们内在省思，自觉地认识自己、洗练自己、改造自己。在生活中不断地反思，我们才能不断地进步；在工作中不断地反思，我们才能少走弯路；在人生中不断地反思，我们才能看见最真实的自己，聆听内心真实的声音，向着自己规划的方向发展。

那么该如何反省呢？反省是一种心理活动的反刍与反馈，是把自己引向做一个有尊严、有人格的人的阶梯。一个自省的人，自觉把省察自己当成修行的功课，常思己过、细心检点，做到明朝陈继儒说的那样："静坐然后知平日之气浮，守默然后知平日之言躁，省事然后知平日之心忙，闭户然后知平日之交滥，寡欲然后知平日之病多，近情然后知平日之念刻。"

自省是自发的行为，我们每天坚持与自己做比较，并进行反思和思考，不断强化自己的优点、弱化自己的缺点，就能看到自己每天的进步和成长。

海明威说："优于别人，并不高贵，真正的高贵应该是优于过去的自己。"人生真正要追求的并不在于比别人优秀，而在于不断超越从前的自我。只要我们比过去的自己进步了，我们的人生就是一个上升的过程。

我们要自觉自律地生活，时时内观自照，日日反省反思，不断地修正、不断地改善、不断地进步，日益圆满，实现完美的人格。

2. 独处远俗

我们生活的社会是由形形色色的人构成的，精神贫乏的人随处可见。汉代王符在《潜夫论》中说："志道者少友，逐俗者多俦。"有志于追求"道"的很少有朋友，追逐世俗趣味的伙伴就很多。可谓志存高远者少，平庸浅薄者多是世俗人情的常态。

真正的智者，很少与外界的人来往，一心只求用不被打扰的时间来培养精神、完善智慧。他们的灵魂站在了高处，对外界别无所求，只是不断地提升和增值自己，享受自己的内在财富，通过自我价值的实现，来一次次地满足自己精神需求，他们内心的能量足以获得自我价值感和生命感。

叔本华说："智者，总是享受着自己的生命，享受着自己的闲暇时间，而那些愚不可耐的人总是害怕空闲，害怕空闲带给自己的无聊，所以，总是给自己找些低级趣味的游戏，给自己一点暂时的快感。"

如今沉静的人越来越少，浮躁的人越来越多，那些胸无点墨，心灵世界浮皮潦草，没有内容的人，他们向外寻求归属感、认同感和存在感，天然地对热闹有一种不可抗拒的向往，在追求合群从众中而丧失自我，扼杀了自己的个性，必然发展成为庸众的一员。

叔本华还说："一个人对与人交往的爱好程度同他的思想平庸以及智力贫乏的程度成正比。"对人性越了解的人，越不喜欢与人交往，内心越贫乏的人越热衷社交和热闹，用忙碌驱逐寂寞，用喧闹填补空虚，用寻乐排遣无聊，但所有这些都不足以保证不无聊。

周国平说："和别人一起谈古论今，引经据典，那是闲聊和讨论；唯有自己沉浸于古往今来大师们的杰作之时，才会有真正的心灵感悟。和别人一起游山玩水，那只是旅游；唯有自己独自面对苍茫的群山和大海之时，才会真实感受到与大自然的沟通。"

超拔的人，以孤独来充实生命，积蓄壮大，不同流俗，必有过人之处。平庸的人，以抱群来填补生命，整天混在朋友之间，习惯了随波逐流，跟在别人后面，变得越来越缺乏主见和独立思维，也不可能有多大出息。

英国哲学家罗素说："缺乏精神独处的能力，绝不能取得崇高的成就，也不可能活出高级的人生。"能力的提升、学识的长进、人格的成熟无不来自高质量的独处。社交可以体现一个人的外在价值，但独处却能塑造一个人的内在价值。

"古来圣贤皆寂寞。"所有优秀的灵魂必经孤独之路。一个人的出众，往往是从静下来开始的，人与人之间的差距，都是在看不见的地方拉开的，正是那份独处，让自己守住寂寞，躬身深耕，塑造不同凡响的自己，让自己变得出众，活得与众不同。

3. 独处自由

现代社会有很多人马不停蹄地社交和融入，牺牲自己的独立精神与真实意愿，无形中掩饰和压抑了自己的个性。过度社交的直接后果就是自己的可支配时间被浪费。

法国思想家蒙田说："群居生活的世界是虚伪的，个人生活的世界才是自然的，自然的生活才是充分自由地体现自我、发现自我、实现自我。"活着不为取悦任何人，而是要讨自己欢心。

当一个人置身于繁华喧闹的氛围，那种形在意不在、形合意不合的陪伴方式，会让人感觉压抑、无所适从、心生厌倦。

一个人独自走在大街上，他不用在乎别人的看法和目光，不用考虑自己的姿态和着装，他神情淡然，脚步沉稳，沉浸在自己的内心世界，不为外界的喧闹所打扰。

法国社会心理学家古斯塔夫·勒庞说："当一个人融入社会之中时，他便失去了自我。"

如果个人沉浸在"他人"之中，处于"社会状态"，就会失去个性，失去自己，也就失去了自由。人只有在独处的时候，是一个人最真实的时候，可以随心所欲地做自己，所有表情都出自本能，所有举动都出自本心，不用照顾别人的感受，不用迁就、迎合谁。也只有在独处中，我们才接近自然状态，才能回到自由自在的自己，才能轻松快乐，任心情去游走，任思绪去飞扬，任云卷云舒，静享独处的唯美。

叔本华说："只有当一个人独处的时候，他才可以完全成为自己，谁要是不热爱独处，那他就不热爱自由，因为只有当一个人独处的时候，他才是自由的。"

独处，与自己为友，是一个人活得自在的标志，是一种最本质、最昂贵的自由。有悲可以自己稀释，有痛可以自我疗愈，有心里话也可以慢慢地说给自己，向自己伸出友好的双臂，深情地拥抱自己。

独处，抛开烦人的杂事俗物，离开形形色色的人，没有人打扰，不受他人意志左右，养好自由的心灵。人生真正的自由，是内心的自由，是精神的自由。心若自由，纵使每日忙碌单调，也能驰骋草原；心若自由，纵使栖身蜗居，也能翱翔天际。心一旦上了枷锁，便束缚了自己，即便走到哪里，都逃不掉那份沉重、那份紧张。

有了自由的心灵，怡然自得，完全靠自己的意愿生活，活出自己真正喜欢的人生。

达·芬奇说："如果你独自一人，你就彻底属于你自己。如果你和其他人在一起，你只有一半属于自己，甚至不到一半。"在一生中，我们会遇到无数人无数事，其实99%的人和事都与我们无关。真正追求自由的人，只过那1%的生活。

古罗马历史学家塔西陀说："追求自由是人至高无上的心理表现。"孤独是一种更为深度的自由，向外，既无所求，也无所依。我们要学会与自己相处，不把时间和精力耗费在那些与我们无关的人事物上，以真正的自我过独立自由的生活。

4. 独处生智

独处，能够安静沉思，唤醒智慧。独处对于人深刻的自我成长不失为明智之举，因为高贵和聪慧总是伴随着孤独。人的智慧从哪里来？从清净心而来。

人类获得智慧的途径有两种：其一是学习前人智慧经验。经典书籍，自带气场和能量，是智慧的钥匙。独处可以与书为伴，尽情地清欢，读书、积累、沉淀，充盈生命的内涵，丰富自己心灵的世界。其二是通过独思。一位哲学家曾说过："人只有在独立思考的时候，才会产生智慧的火花。"独思以明智，只有独立思考，给心灵留下一片空间，才会心灵清澈，唤醒悟性，开拓思维视野和层次，成就自我。

独处，静能生慧。《昭德新编》里说："水静极则形象明，心静极则智慧生。"静极灵动，静到极致，灵魂就会显现。静是产生智慧的土壤，静可通一切境界。一个人如果静不下来，只能站立于智慧的门外，只有静下来，才能去思考，才能与智慧相通，由心生慧。

独处，开启灵性，享受着思想的自由。庄子说："独与天地精神往来。"天地精神就是"道"，"与天地精神往来"就是"求道"的过程，"往来"的关键在于"独"。每个人都是一个独立的灵魂，真实和长久的愉悦永远在自己的精神世界里。一个人独处的时候，端坐在天地之中，学会与宇宙链接，自由在时空里穿梭，可以看到宇宙的轮转，看到天地的变换，与天地精神交游，和世间万物对话，享受一个人的清欢。

5. 独处静心

普希金说："世界上所有的幸福，都以内心的安静作为基本特征。"我们每个人的心灵，都需要一方净土，来感受生活的轻松快乐和人生的幸福美好。

清醒的人，时常想给自己心灵一点净化的时间和空间，将身心放空，使内心清风明月，达到清净虚无的境界。

人生在世，最美的情怀莫过于有一颗安静的心和一份幽谧的情操。静心能去妄想，静思能生清明，静读能增智慧，静修能立品德，静观能得经验，静望能展胸襟，静默能得安宁。

静是人类最高的境界，只有静下来的时候，心窗才能打开，阳光才能照耀进来，月光才能流淌进来，花香才能萦绕进来，如此，生命才会有丰盈与厚重。

能心静者，便是思想最饱满、心灵最怡然、气质最韵致的快乐之人。生活中的一切享受，没有比宁静更为享受，高质量的宁静比高质量的活动更重要。

人这一辈子，一定要学会静心，静心是一种难能可贵的历练。唯有守一颗静心，才能在繁忙浮躁的尘世，顿悟生命的意义，拥有生活的智慧。

独处，让人找回自我。独处，让心灵回归原有的宁静。在一个人的世界里，停止思考，什么都不想，"不思声色，不思胜负，不思曲直，不思得失，不思荣辱"，止住妄想，放下思绪，守住一方净土，尘世不扰，己心不扰，享受静致的安宁。

独处，让心灵得到休息。静的作用在于荡涤心灵、安顿灵魂。在社会生活中，我们每日奔波劳碌，从日出到日落，扮演各种各样的角色，承受各种各样的责任和压力。当一个人独处的时候，不被世俗所扰，不用伪装自己，不用戴面具，更不用在意别人的目光与看法，不用讨好谁，悠闲自在，还自己一片安静，还自己一个安宁祥和的氛围，让心灵得以放松，得以舒展。

独处，在静中享受意境。静水流深，人静心深。心存高远，脚下就是远方；心有桃花源，何处不是水云间。独处，身放闲处，心安静中。人在天地间，放眼世界，便是一片充满清幽安宁的绿洲。可以感受"明月松间照，清泉石上流"的清幽寂静；可以独享"行到水穷处，坐看云起时"的悠闲自在；可以感染"晴空一鹤排云上，便引诗情到碧霄"的豪迈情怀；更可以达到"回首向来萧瑟处，归去，也无风雨也无晴"的豁然境界。常言道："心静方能致远，静心方能超然。"这些诗句生动地为我们营造了一种宁静致远的境界，让人净化了心灵，荡涤了俗尘，旷达了胸怀。受意境的感染，将自己融入大自然，达到心灵与自然的共鸣，感到与天地同体，与万物同在，必中会泛起一种超然忘俗的欢喜。

做个孤独的强者

社会学家布迪曼说:"最本质的人生价值就是人的独立性。"

孤独让你用独处的时光积蓄力量,内心变得越来越强大;孤独让你远离喧嚣,不染尘埃,心灵归于纯净;孤独让你找回自己,看清世界,活得从容高贵;孤独让你心境悠远,宁静含蓄,超凡脱俗。孤独地面对红尘,所有复杂会变得简单,所有空虚会变得充实,所有焦虑会变为平静,所有脆弱会变为强大,生命的孤独是成熟的、饱满的、圆融的。

英国作家艾米莉·勃朗特说:"只有孤独才是真正属于自己一个人的。"

每个人来到这世界都是孤独的,所以孤独是一个人的生命本质。学会独处,才能真正学会生活,成就自己;拥有孤独,才能拥有真正的自我、自由的生活。孤独不代表空虚,孤独不是与世隔绝、厌世沉沦,也不是孤芳自赏、自命清高,而是为了有一处宁静的归宿,用一种清净的方式去解读自己,用一种自我消遣的方式去自得其乐,用沉淀的清纯去净化心灵,用内在的丰富去成就一个优秀的自己。

1. 自我觉醒

亚里士多德说："人生最终的价值在于觉醒和思考的能力，而不只在于生存。"

人生的意义是要找到生命的终极目标，而生命的终极目标是彻底觉悟。

真正的高人，毕生追求"觉悟"，心被点亮，即可有觉。觉醒的程度不同，达到的境界就不同，人生的命运也会不同。

觉醒是一种清明的意识，日出未必意味着光明，太阳也无非是一颗晨星而已，只有在你醒来时，才是真正的破晓，也只有在破晓时，才获得真正的新生。

人生有三个基本的觉醒：

第一个是生命的觉醒，你来到这个世界上是一个生命，生命是最宝贵的，你要对自己的生命负责，不仅要活出生命的长度，还要努力活出生命的高度。生命不仅是求生存而已，还要成长、充实和圆满。在社会生活中，活着就是意义本身，你要珍惜生命，精进修行，只有生命存在，一切才有意义。

第二个是自我的觉醒，你不但是一个生命，而且是一个独特的生命个体，一个自我。这个自我是独一无二的，蔚蓝天空下只有一个你，脚下这片土地上也只有一个你，你就是你拥有的全部。因此，你要成为自己生活的主人，对自己的人生负责，牢牢把握自我的人生主动权，追求自己想要的人生，活出有意义的自己，实现你之为你的价值。

第三个是灵魂的觉醒，你不只是一个肉体的存在，更是一个充满爱与智慧的灵性的存在。灵魂高贵，躯体才有意义。

人有两次生命的诞生，一次是肉体出生，一次是灵魂觉醒，决定一个人灵魂归宿的，最终一定是灵魂的觉醒程度。每一次觉醒，都是一次新生。灵魂一旦觉醒，就不会再陷入平庸、愚昧、无知，而是保持一种平静、平和、平安的状态，是一种喜悦和自在的状态。

当认知达到一定程度，你的人生从此彻底改变，你会有更高的人生追求和精神使命，注重精神建设，追求得到更多的智慧，积累更多的功德，提升生命的能量，让灵魂进入更高的层次。

人生是一个边走、边悟、边收获的过程，人生的所有经历，无一不在丰盈你的阅历，启发你的觉悟，成熟你的人生。

美国作家杰克·伦敦说："一个人来到这个世上不容易，无论如何不能对不起生命。"人生如过客，途经人世间，既然在这个世界上走过，就要对得起稍纵即逝的生命，对得起每一天日出日落，对得起春夏秋冬、花开花谢的每一个轮回，不辜负自己，活出自己，驾驭自己，成为自己，顶天立地生活在世间。

2. 自我依靠

挪威剧作家易卜生说："在这个世界上，最坚强的人是孤独地只靠自己站着的人。"

世上没有绝对靠得住的人，真正能依靠的人只有你自己。如果什么事都指望别人、依靠别人，终究长不大，永远是没有出息的人。

当我们学会成为自己的山，也就有了最强大的依靠和仰仗。当我们学会成为自己的伞，也就无畏人生中的风和雨，从容面对一切。人生于天地之间，自强才是立身之本。

"天行健，君子以自强不息。"做人当自强，要效法宇宙精神，像天宇一样运行不息。所有的强大中，内在的强大才是根本。强是万物生发的动力，草不强不盛，人不强不立。强是意志坚强，而不是外强中干、色厉内荏；强是精神富有，而不是膀大腰圆、虚有其表。

生命只是你自己的生命，生活只是你自己的生活，这个世界除了自己强大，什么都靠不住。只有强化自己，活得有底气，才能让我们的生命闪光。

拿破仑说："人多不足以依赖，要生存只有靠自己。"

一个人的幸福程度，取决于多大程度上脱离对外部世界的依附。每个人生命中最大的贵人是自己，人生从来都靠自己成全。

在这个世界上，没有谁为你的人生负责，只有你自己；没有谁替你体验生活，只有你自己；没有谁替你成长，只有你自己；没有谁能够改变你，只有你自己。脚下的路要自己去走，依靠谁也都是空谈；自己的难要自己去解，指望谁也都是徒劳；心中的烦要自己疏散，依靠谁也都是虚幻。

一路走过靠自己，没有谁可以无条件地帮助你，没有谁是可以永远依附的，没有谁替你遮风挡雨，没有谁为你保驾护航。只有靠自己，才能活出自己，活得踏实。

意大利画家米开朗琪罗说："只有寄希望于自己，才是最为可靠和安全的。"若把生命和希望寄托在别人那里，就等于放下了掌握自己命运的主动权。要永远记住，任何外来的帮助都不能代替本身的努力，只有把对外界所有期望全部收回到自己身上的时候，就拿回了这世间最伟大的力量。

依赖令人平庸，独立使人出众。在生活中凡事要自己做主，命运靠自己主宰，选择靠自己决定，生活靠自己驾驭，事业靠自己奋斗，理想靠自己实现。

人贵在独立自主，生活始终是自己的事。人活在世间，要自食其力，安排好自己的生活，做到自主、自律、自力。

"自主"是有自我之思想、志向、主见和原则，独立思考，不人云亦云，当为当不为，是非审之于己，毁誉听之于人，得失安之于数。

"自律"是有方向、目标和计划，按照自己的意志，自我要求，自我规范、自我约束、自我发展、自我完善。自觉养成良好的习惯，依靠自制力和执行力，管理好自己的时间、学习、欲望、情绪、形象，健康和言行。

"自力"是自力更生，承担自己的人生，依靠自己独当一面的勇气和能力战胜困难，处理生活中遇到的各种难题，靠自己的双手开创美好的生活。

倘能做到这些，就活得优雅自在。万丈高楼平地起，所作所为靠自己。天助自助者，我们要在一生中，坚持独立自主，迈着坚定的步伐，走向自强、走向辉煌。

3. 自我修养

人来到这个世界上，没有谁与生俱来是完美的。

高尔基曾说："人生的意义就在于人的自我完善。"我们活着的目的，就是要不断修己，不断提升自己，不断自我完善。

一个人真正的高贵，不在于外在的光鲜亮丽，而是源于内心修养的富足。

什么是修养？修养是一个人高尚的品质和正确的待人处世的态度。良好的个人修养是文化、智慧、善良和知识所表现出来的一种综合美德，是崇高人生的一种内在力量，是优秀品位与价值的外在体现。

修养优良者，德高行致远，只要立身行道，向阳而生，加强修养，我们的智慧就会增长，品行、道德就会提升，灵魂就会升华，活出自己的风格和品位，活出自己的教养和高尚。

（1）修养人格。

人这一生，是一个不断自我成长的过程，在这个过程中，修炼健全的人格，才能提升品德，活出境界。所谓人格是指一个人独特的思想与行为，包括性格、气质、品德、理智、能力、体质等。

人有两种力量最有魅力，一种是人格的力量，一种是思想的力量。

人格的力量是最为可靠的做人资本。因为人生的路，靠自己一步步走去，真正能保护你的，是你自己的人格选择和文化选择，这一选择将伴随人的一生。一个人拥有了杰出而丰富的人格素质，才能活出一种精神、一种品位、一种自尊、一种至真至性的精彩，这一生都会有一种充实感和幸福感。

人格成熟的人，有着聪明和智慧，能够自我认知、自我管理及自我实现。

如何形成完善的人格呢？

稻盛和夫说："人格等于性格加哲学，与生俱来的性格加上在人生道路上学习到的哲学，这两者相加就形成了人格。就是说，先天的性格加上后天的哲学造就了我们的人格。"

人格是在长期的生活、社会和学习实践中形成的，时时、处处修炼，当心灵丰富和博大成一个世界的时候，心灵完全自主，巨大的快乐和幸福不能改变你的心灵、忧愁的困苦和诸多的违缘也不能改变你的心灵时，你的人格修炼才算真正完成。

（2）修养品德。

西班牙哲学家巴尔塔沙·葛拉西安说："伟人追求的是灵魂的伟大。"

心灵的本质是什么？

苏格拉底认为是美德，即德行，它包括仁慈、善良、正直、诚恳、谦虚、宽厚等品行。

人这辈子，只有一个目的，就是利用有生之年，不停地修养自己的德行。

德行是做人的根基，是一个人最为牢固的根本，最为高尚的坚守，最为可贵的修养，使人幸福的是德行，唯有德行可立一生。如果一个人品格高尚、自带光芒，无论走到哪里，总会熠熠生辉。

意大利诗人但丁说："人不能像走兽那样活着，应该追求知识和美德。"做人要以德为本，一生都要在修德上下功夫。

如何培养美德呢？

苏格拉底说："想要除掉旷野里的杂草，最好的方法是在上面种上庄稼。同样，要想让灵魂无纷扰，唯一的办法就是让美德占据心灵。"

旷野的土地上，不种庄稼则生杂草，人的心灵若不让美德占据，必然是邪念横生。人性的自私、虚伪、贪婪等始终是无法避免的，但不能任其存在。若要消除这些灵魂中的杂草，就应树立正确的理想，用正直、善良、美好去武装头脑，占领心灵阵地，在自己的心灵种上诚实、谦虚、正义的庄稼，让美德帮助我们消除心灵的垃圾。

美德是可以培养的。

苏联教育家凯洛夫说："人并不是生来就具有道德上的信念、情感和行为习惯，这一切都是在生活和教育过程中获得的。"

人的心灵就像一块肥沃的土地，我们要培养自己的优良品德就要用美德占据心灵的土地，在自己的心灵里播种上高尚人格的种子、进取精神的种子。

只要你自觉地培养美德自然就会形成内在的人格魅力。那时，你就可以尽情地观赏自己的美德，享受自己的美德带来的幸福和快乐。

（3）修养文化。

人活在世上，除了衣食住行，还应该有自己的爱好。衣着服饰最能看出一个人的品位，业余爱好最能看出一个人的修养。一个人有什么样的爱好，选择什么样的娱乐方式，就知道他是什么样的人。

古人云："由艺进道。"人的生活不仅是柴米油盐酱醋茶，还有琴棋书画诗酒花。有益的兴趣爱好，可以滋养生命、陶冶情操，使一个人精神富足；有益的兴趣爱好，可以催人上进，丰富生活，活出精彩。

"读万卷书，行万里路。"对一个人来说，读书和旅行都是人生中不可或缺的经历和体验，它让人拥有更为开阔的视野，更为深邃的灵魂，拥有诗和远方。

读书是向内旅行，在字里行间行走，去往精神世界，可以让一个人站在巨人的肩膀上了解世界的过去、现在乃至未来。

行路是向外读书，阅读天地万物，探索天地苍穹，使人开阔眼界、增长见识，可以让一个人去感受不一样的如画风景，体验不一样的风土人情。

清代文人张潮说："文章是案头之山水，山水是地上之文章。"

我们通过读书，到人类智慧的海洋中去畅游，丰富自己的心灵，涵养自己的精神，为独立的灵魂奠定牢固的基础。

我们通过行路，身体力行，把自己融入世界，融入社会实践，锻造和培养自立于天地之间的各种能力。

读书和行路是高雅的生活方式，是一种有意义的人生之旅。两者做好了，就能丰富内心、扩大格局、提升自我，成为一个底蕴深厚的人。

要培养高雅的情趣，追求高尚的精神境界。情趣源于兴趣，一个有美好追求的人，拥有高雅的爱好和兴趣，比如：音乐、美术、摄影、书法等。在日常生活中，丰富文化生活，它催人上进，提高人的文化修养，陶冶人的情操，丰富人的内心世界，改变人的精神面貌，使人道德高尚，使生活更加充实而有意义。

4. 自我选择

人生是一连串的选择。人在这个世界上生存，一个接一个的问题，一个接一个的选择，一次接一次的行动，人生事实上是选择的总和，是无数选择叠加的结果。每个人的人生轨迹和命运，取决于自己的选择。

在这个世界上，没有两全其美、完美无缺的选择。上天是公平的，你不可能同时拥有春花和秋月，不可能同时拥有硕果和繁花。你的每一个选择，都对应着一个结果，你得到的同时，也在失去，你失去的同时，也在得到。

你选择一条路，就能欣赏到这段路途上的风景，但也必须跨越这段路上的坎坷；选择一种人生，就能收获这种人生的温馨，但也必须承受这种人生的辛酸。

不过，你选择了飞翔，总能看到蓝天；你选择了远航，总能感受大海。

　　所有的人生哲学，所有的关于人生的训导，包括人生的教诲，都只是在告诉人们，生活在五彩斑斓的世界上，要学会取舍。学会了取舍，便也学会了成长，从而变得成熟。没有所谓的命运，只有不同的选择。选择代表着你的方向，代表着你的认知。你的选择就是你的世界，你的世界就是你的选择。因此，你只要真正把握了取与舍的机理和尺度，便等于把握了人生的钥匙、成功的门环。

　　人这一生，都在做不同的选择，每一个选择，就意味着一个结果，不同的选择，就会有不一样的人生。选对书籍，智慧一生；选对做人，福报一生；选对伴侣，幸福一生；选对环境，安宁一生；选对朋友，快乐一生；选对行业，成就一生。

　　人的一生，选择与命运相连，正确的选择可能会让人拥有一个灿烂的人生，而错误的选择则可能让人付出一生的代价。

　　俄国作家索尔仁尼琴说："世上有多少人，就有多少条生活之路。"每个人的人生之路，都是自己选的，不同的选择，有不同的命运。"我们各自选择了自己的命运，理所当然也该各得其所。"

　　人生会经历很多阶段，每一个阶段都有不同的路要走，需要不停地在每一个岔路口做出选择。人生的每一步都刻满着一个人一生的选择，每一步都是一个选择题，每一个选项都通向不同的道路。因此，每一步都关系着一个人一生的希望，每一步都相扣着一个人一生的成败，每一步都决定着一个人最后的结局。

　　人的一生，每时每刻都在做选择。小到一日三餐、衣食住行，大到求学、求职、求偶，但更多的是人生态度的抉择。比如，积极或消极、乐观或悲观、勇敢或胆怯、勤奋或懒惰、创造或享受、付出或获得等，这些都是摆在每个人面前的两种截然相反的生活态度。积极心态会使你的生活色彩斑斓，激励你满怀信心地乐观前行；消极心态则会使你的生活昏暗无光，让你处于战战兢兢、提心吊胆的状态中，阻碍你前行。

人生是由一连串决定所组成的，生活的智慧在于判断和决断。可以说人生就是判断的积累，就是决断的连续。每一次选择都是在舍与得之间徘徊，每一次对得失的判断、抉择都是一场考验，考验着人的智慧和眼光。没有任何事是"百利而无一弊"的，所有的选择都利弊并存，因此，我们给自己内心树立一个衡量利弊的标杆便是十分必要的。

诸葛亮说："欲思其利，必虑其害，欲思其成，必虑其败。"选择之前要斟酌权衡，两利相权取其重；放弃之前要谨慎细致，两弊相衡择其轻。为了不给人生留下遗憾，我们要努力提高选择的能力，一次重要的抉择胜过千百次的努力，无论此刻你在生命中正经历着什么，究其原因都是你过去所做的选择。

汪国真说："既然选择了远方，便只顾风雨兼程。"

人生是一次无法重复的选择，无论你做什么选择，都要走好选择的路，并为自己所有的选择承担代价和责任。

5. 自我战胜

老子曰："知人者智，自知者明，胜人者有力，自胜者强。"

一个人能了解别人，慧眼识人，是聪明人；但能够认识自己、了解自己的人，才是真正明白的人。

能战胜他人的人，是有力量的勇士，但是能战胜自我的人，才是真正的强者。

法国哲学家笛卡尔说："征服你自己，而不是去征服世界。"人生只是一个过程，在这个过程中，是我们跟自己作战的过程，在思想上、性格上、作风上、气质上战胜自己的愚昧和无知，战胜自己的自私和贪欲，战胜自己的庸俗和浮躁，战胜自己的肤浅和狭隘。人的一生就是在不断地战胜自己的过程中得以进步的。我们要学习古圣先贤，将修行融入生活的历练中，一步一步擦净心上的灰尘，改造自己、照亮自己，让心灵绽放纯净的光芒。

6. 自我主宰

挪威剧作家易卜生说："人的第一天职是什么？答案很简单：做自己。"做自己是人生最根本的责任。做自己就是做自己的主人，坚持自己的主张，不模仿别人，不随波逐流，不去重复别人的老路，踏踏实实走自己的路。做自己的过程是向内求的过程，面对自己的本心，知道自己是谁，明白自己要做什么样的人，想要活成什么样子，按照自己的意愿走自己的路，活出自己独特的使命和他人无法替代的生命意义。

要自我主宰，就要独立自主。一个自我主宰的人，头脑清醒、思路清晰，有高级认知，有独立思考和主见，做思维的强者。凡事自我做主，从不依附于人，不受别人的影响，不盲目追随别人的脚步，牢牢把人生的主导权掌握在自己手里，做自己生命的主人。

要自我主宰，就要活好自己。德国哲学家费尔巴哈说："人活着的第一要务，就是让自己幸福。"花儿不为谁喜欢，只为一季的盛开；做人不为谁青睐，只为生命的幸福。我们的幸福取决于我们自身，而不是自身之外。

叔本华认为："对于一个人的幸福，甚至对于他的整个生存，明显首要的东西就是这个人自身的内在素质，它直接决定了这个人是否能够得到内心的幸福。"这就是说，人们自身所具有的良好素质对于人的幸福起着至关重要的作用，它将伴随着人的一生。世界是自己的，生活是自己的，我们要建立自己的世界，成为世界的主人。

一个为自己幸福而活的人，就要完善自身，全面提升自身的内在素质，有着高贵的人格、渊博的学识、清明的意识、纯洁的心灵、高雅的品位和健康的体魄，活得像天空一样广阔，像海洋一样深邃，像大地一样宽厚。

一个为自己幸福而活的人，永不放弃对自己的学习和追求，拥有自己的事业、兴趣和爱好，努力把自己的精神世界填满，尽情享受精神世界带来的愉悦，无论活在何处，走到哪里都会感到高质量生命的充实和幸福。

德国哲学家康德说："所谓自由，不是随心所欲，而是自我主宰。"每个人的心中都渴望着自由，现实却似乎无处不在枷锁

中。自由不是随心所欲，不是想做什么就做什么，自由的本质
其实是自律，一个人的自律程度，往往预示着他的人生高度。
唯有自律的人，才能在规矩和约束中，成就自我。一个自我主
宰的人，崇尚"独立之精神，自由之思想"，严格自律，保持人
格之独立，按照自己的抱负和使命，坚定走自己的路，做自我
命运的掌舵人。

7. 自我实现

人生的自我实现永远都是成长的主旋律，而真正决定我们
成长的，往往是内在的人生认知，知道人的一生应该怎样度过。
每个人的人生都不一样，每个人的活法也不一样，无论怎么活，
说到底都是自己一个人的事情。人生的意义源于自己，一个人
要想活好自己，就要明白自己为什么而活，确立自己的人生目
标，规划经营好自己的人生，写好自己的历史，完成自己这辈
子的使命。

人的一生要向内求，做好自己才能硬道理。

自己，是自己的过程和经历。人的一生，其实就是一个过
程，就是一连串的经历。在这个过程和各种经历中，除了自己，
没有什么人能够全程陪伴你，也就是说，你才是你生命的经历
者、参与者和陪伴者。你生命的过程，其实就是自我发挥、自
我努力、自我改造、自我实现的过程。所以，你必须重视自己
的生命过程，在生命的沿途中让自己芬芳、纯净，并全程为自
己的生命负责。

自己，是自己的依靠和保证。人的一生似乎都在四处结缘，寻找依靠，努力为自己提供保证。但是，人生真正依靠和保证的应该是自己。别人永远是你生活的旁观者，只有你自己才是你生活的掌舵人。无论人的外部条件和生存环境如何变化，最终人都必须依靠自己才能生存、生活、成长和发展。

自己，是自己的希望和寄托。人活着，就有理想、希望、目标和寄托。人的最大希望和寄托，不是别人，而是自己。因为，一切希望，无论多美好，它都不能自动变成现实，都必须经过自己的努力奋斗，才会成为可能。没有谁是容易的，只有真正的付出才能有收获。人的一生，要么有所作为，要么碌碌无为。真正有所作为的人，从来都是默默耕耘，把信念化为行动，付出努力。所以，只有自己，才能给自己带来真正的希望，也才能成为自己最可靠的人生寄托。

自己，是自己的价值所在。爱因斯坦说："不要努力成为一个成功者，要努力成为一个有价值的人。"一个人的成功，不在于得到什么，而在于从奋斗的起点走了多远；一个人的价值，不在于取得什么，而在于为社会贡献什么。真正厉害的人，想的不是挣更多的钱，获得更多的权力，而是想干成一两件有价值的事。富兰克林说："尽力做好一件事，实乃人生之首务。"每个人来到世上都有自己的价值，我们要运用自己的天赋，发挥自己的特长，挥洒自己的才华，投注到一件自己热爱、赋予意义的事情，专心致志，默默坚持，把它做到极致。

完善人格

　　生活在当今时代，没有自我就没有魅力，魅力来自丰富、内敛、温情、善良，由内而外地散发出一种高贵。一个真正明智的人，不会把太多心思花在取悦和亲附别人上面，最重要的是丰富自己，成为一个成熟的人。只有自己成熟了，有丰富的人生阅历，有充足的人生经验，有厚重的文化底蕴，有深刻的思想内涵，有沉稳的性格修养，达到一种丰富而厚重的精神境界，自然会有别人来亲附，吸引别人来敬重。自己是梧桐，凤凰才会来栖；自己是大海，百川才来汇聚。花有香，自有蜂蝶来恋；人有品，自有知音来伴。要吸引朋友，就必须修好人格，说话让人喜欢，做事让人感动，做人让人想念，以过硬的素质服人，用高尚的人格聚人，靠扎实的作风影响人。

1. 自信

　　自信，就是自己信任自己，自己认可自己，自己肯定自己，完全接纳自己。美国作家海伦·凯勒说："信心是命运的主宰。"

在生活中，我们需要自信的支撑，自信是做人的立足点，是自己给自己支持的力量和动力，是成功的基石，是人们从事任何事业最可靠的资本。

没有自信，就没有目标、方向和勇气，生活会黯淡无光；没有自信，就没有意志和力量，凡事畏怯自卑，做什么事情都做不成。

唯有自信的人，厚植实力，才能在自信里找到自强，才能在自强中彰显自立，才能在自立中成就自我，才能在自我中不断演绎精彩的人生。

苏格拉底曾说："一个人能否有成就，只看他是否具有自尊和自信这两个条件，主宰和战胜命运的首要条件就是自信。"

真正的尊严，在于自信，真正的自信来于内在，即内在有足够的德行和智慧，而后由内而外散发。这个世界是属于有自信的人的，人一辈子所有的努力，不是为了胜过别人，而是为了自己的提升和成长；不是为了做给别人看，向外证明自己，而是为了持续不断地完善自我，发挥自己的价值。

这个世界是由自信心创造出来的，信心能为梦想插上翅膀，为前进赋予动力，可以化渺小为伟大，化平庸为神奇。自信充满了心灵的人，身体里流淌着自信的血液，浑身上下充满无穷的力量，有强大的气场，由内而外，厚积薄发。人生的自信是基于对生命的自信，心怀希望，可以闯出一番天地，相信自己，可以战胜一切，对自己的能力、才智、事业和追求充满必胜的信心。

自信的人，有一种远大的理想和抱负，有一种伟大的目标和信念，有一种忘我的追求和胸怀，有一种坚强的意志和韧性，生命充满智慧和活力。

自信的人，心中拥有真理和信仰，掌握生命的终极原理，看到生命的本质，用奋进改变命运，用智慧赢得喝彩，用修身得到尊重，用善良打动人心，用真情书写人生。

自信的人，乐观向上，以良好的心态，按照自己的心愿，追求自己的生活方式，舒展自己的每一个细胞，开创属于自己的一片天地，活出内心的光明通透，活得幸福而美丽。

2. 担当

马克·吐温说："我们生到这个世界上来是为了一个聪明而高尚的目的，必须好好地尽我们的责任。"每个人来到这个世界上，都有自身的任务，都要担负起生命赋予自己的使命和责任，用担当撑起一片天，这是人生存的价值所在，也是人存在的意义所在。

责任就是做好分内应做的事情，承担自己应当承担的职责，完成自己应当完成的使命。责任是一种担当的精神，是一种自律的品格，是一种认真的态度，是一种天赋的使命，是每个人都必须具备的品质。越是有担当的人，也越会有一个成功的人生。

人生天地间，本身就是生机与活力的彰显。既有心灵与体魄，就要以担当的姿态挺立于世，不辱使命，对自己的行为承担一切责任，彰显自己的气质和魅力。一个有担当的人，首先

要对自己负责，因为只有对自己负责，才能对别人负责。人是
家庭的一分子，也是社会的一分子，你要义不容辞地履行自己
的责任，对家庭的责任，对工作的责任，对社会的责任，对生
命的责任。这些责任是我们的义务，同时也是我们成长的重要
动力。当你尽到了你应尽的责任，就增强了你人生道路上的崇
高和神圣。你就无愧自己，也无愧他人。

看一个人是否成熟，不是看他的年龄有多大，而是要看他
能担起多大的责任。真正成熟的人，就是事事有责任，事事有
担当，事事有始有终。说到的事就要做到，揽下的事就要扛住，
凡事有交代，件件有着落，事事有回音。

梁启超先生说："处处尽责任，便处处快乐；时时尽责任，
便时时快乐。"

人生的价值在于人这一辈子尽了多大的责任。不管他是平
凡，还是伟大，只要有责任充斥内心，坚定自己的信念，付诸
行动，就一定是有德之人，对社会有用之人。

3. 意志

叔本华说："生命因意志而存在。"

意志是人为了一定的目标，自觉地组织自己的行动，克服
各种困难，从而实现目的的心理过程。

意是心理活动的一种状态，志是对目标方向的坚信和坚持。
从概念入手，可以了知意志的基本特征：意志活动是有目标的
行动，如没有目标，也就无所谓意志；意志活动是有组织的、

有计划的，按照一定的步骤、程序去执行；意志活动驱使着自己克服困难，以期达成目标。

意志是人们重要的个性心理品质。意志品质有优劣、强弱之分，有的人意志坚强，有的人意志薄弱。

一般说来，良好意志的品质是：独立性、坚定性、果断性、自控性。不良意志的品质是：盲从性、动摇性、优柔性、冲动性。

坚强意志是坚守人生目标的保障，是人们行动的强大推动力，是克服困难、获得成功的必要条件，它赋予我们锲而不舍的精神，自强不息的毅力和直面困难的勇气，它有助于一个人健康成长，成就人生。

一个人的坚强意志不是天生的，而是在后天的磨炼中锻造和增强的。在不懈追求目标的过程中，能够理智思考，独立地支配自己的行动，果断地处理事物。在遇到外界诱惑和干扰的时候，能够自觉地约束自己，控制自己的情绪和行为。在碰到挫折和失败的时候，不灰心、不气馁，能够以顽强的精神、百折不挠的毅力，战胜挫折和困难，实现自己的目标。

伟大的思想家马克思说："生活就像海洋，只有意志坚强的人，才能到达彼岸。"人生路漫漫，成事靠坚持，人的一生走过的路，有弯路、小路、险路、暗路，只有意志坚定且永不停歇的人，才有希望到达胜利的远方。

4.胆识

英国作家斯蒂文森说："勇气是美德立足的基石。"

有德必有勇，勇气就是具有坚定的信念、勇敢的精神和一往无前的意志，敢想敢为，敢为敢当。它是将自信表现在行动中的一种胆识，是战胜困难实现自身价值的一种力量，是我们立身处世的重要条件。它可以保护我们，也可以引领我们向前。

真正的勇气是智勇双全、有胆有识。英勇不是身强力壮，而是心灵坚韧充实；勇敢不是没有畏惧，而是战胜了畏惧；坚强不是毫无懦弱，而是收起了脆弱。

真正的勇气不是压倒一切，而是不被一切压倒。生活是由一连串的问题组成的，一个真正有胆识的人，具有挑战困难、挑战生活、挑战自我的勇气，在挑战中前进，在挑战中成长、成熟和成就。

他勇于承担责任，能用冷静的头脑和智慧，面对和克服遇到的各种挫折和困难。他沉着冷静，处理事情稳健踏实，收放自如，遇事沉得住气，从容不迫，不急躁，必要时将事情拖一拖，事缓则圆。他敢于决断，决定事情当机立断而不优柔寡断，办理事情雷厉风行而不拖泥带水。他懂得自重，无论什么事情一旦决定，就绝不更改，不再留给自己回头考虑，准备后退的余地。

一个"不"字说出去，就像一堵铁打的墙，已经拒绝，就不轻易改变。无论是做人还是做事，都要学会拒绝，不要为了别人而难为自己，人的价值往往是靠拒绝而来的，拒绝是对自己的保护，让自己活得轻松，还会得到别人的尊重和敬畏。

勇者无惧，强者无敌。一个有胆识的人，具有大无畏的精神品质和意志，能够征服自己的命运。勇气可以让其他人的腰骨挺立起来，能使周围人们受到鼓舞，得到人们的信赖和依靠。

5. 豁达

豁达就是性格开朗，气量宽宏。豁达是一种超脱，一种包容，是一种风格，一种素养，也是一种智慧的人生态度。豁达的人具有通达的思想，广阔的胸怀，容人的雅量。它是高山、大海、天空，它坦荡、热情、开朗。

天称其高者，以无不覆；地称其广者，以无不载；日月称其明者，以无不照；江海称其大者，以无不容。常言道："有容乃大。"大海宽广了，才纳得下百川；天空宽广了，才容得下日月星辰；人的心胸宽广了，才容得下纷繁世事。广阔山川，才能胸纳天地；心怀从容，方能历经风雨的洗礼与时光的积淀，成就豁达人生。

黎巴嫩诗人纪伯伦说："一个伟大的人有两颗心，一颗心流血，一颗心宽容。"就是说，宽容在我们为人处事中是极其重要的，就像血液供养着我们的身体一样，它供养着我们的灵魂。在漫长的人生途中，我们会结识许许多多的人，会阅历许许多多的事，无论遇到什么，要学会具有一颗宽容的心，容人、容物、容言、容事。

包容就是善良豁达、富有内涵、克己复礼、严以自律的大气，就是察人之难、补人之短、扬人之长、谅人之过、成人之美的大度，而不是眼光短浅、鲁莽任性、计较自私的无知，嫉人之才、鄙人之能、讥人之缺、责人之误的狭隘。

人生最大的修养是宽容，宽容需要学习，需要磨砺，需要一点一点培育，宽容不只是一种文化的积淀，更是一种人生的修炼。大度使你变得潇洒，宽容使你变得高尚。宽容了别人就等于宽容了自己。宽容，貌似是让别人，实际是给自己的心开拓道路；宽容，给心多一些氧气，生活才鲜得起来。

6. 诚信

孟子曰："诚者，天之道也，思诚者，人之道也。"人最根本的修养是以诚为本，以信为用，诚信待人。诚信是为人之本，是人与人之间关系得以维系的绳索，是沟通人与人之间心灵的桥梁，是形成强大亲和力的基础，是能够取信于人的人性之美，是互建友谊大厦的基石。

孔子说："人而无信，不知其可也。"意思是说，一个人不讲信用是行不通的。人无信，就难以在社会上立足。做人要讲信用，重信誉，言必信，行必果。

言而无信的人，他的灵魂便一文不值，甚至让人唾弃；诚实守信之人，其心灵高贵的让人仰慕。

与朋友交，为了守信要慎言，言不可轻说，若说话更改，不如不说；言不可轻诺，若应诺更改，不如不诺。

不要轻易讲话，轻言的人会招来责怪和羞辱。不要轻易向人许愿，许下了承诺，就要兑现。

在与人交往中，人求之事，记在脑中；人托之事，放在心上；守诺言，重信用。说话负责到底，做事有始有终。

在社会生活中，人与人保持密切联系，靠的是信任。何谓信任？信任就是对一个人没有疑心，对一件事没有顾虑，对一颗心没有防备。信任，取决于什么？取决于人品。人品是一种高尚的情操，既是无形的力量，也是无形的财富。

古罗马政治家西塞罗说："没有诚信，何来尊严。"一个人如果没有信用，就会失去他人的信任。失信意味着失去尊严，失去朋友。诚信可赢得天下，守信方得人心。

7. 谦虚

为人处世要虚心，谦虚做人，低调做事。谦虚是一种美德，一种人格修为，一种高尚的情操。

达·芬奇说："浅薄的知识使人骄傲，丰富的知识使人谦逊。所以，空心的禾秆高傲地举头向天，而充实的谷穗却低头向着大地，向着它的母亲。"

常言道："天不言自高，地不言自厚。"越是没水平的人，越表现得张扬；越是真正有学识和能力的人，越表现得谦虚而低调。

真正的修养是静水流深，越有智慧的人越深知自己能力的局限，丝毫不敢狂妄自大；越是道行深厚的人越懂得沉静谦卑。

活着，要低调做人。谦虚和低调向来是有影响力的人具备的品德，是一种退后的姿态提升形象的大智慧。

凡自高的，必降为卑；凡自谦的，必升为高。

白云，跟蓝天做朋友；谦虚，则跟伟大做朋友。

自感谦卑的时候，正是你接近伟大的时候。

明代李贽说："能下人，故其心虚；其心虚，故所广取，所广取，故其人愈高。"谦虚的人能居人之下，所以能广博自己的知识，高尚自己的品格。

谦虚待人，做到谦卑、谦逊、谦和。

谦卑是姿态，为人低调，放下身段，降低自己，才高不自诩，位高不自傲。

谦逊是态度，待人恭敬，彬彬有礼，温文尔雅，向内懂得虚心，向外欣赏他人。

谦和是心态，为人随和、和气、和蔼、和睦、和善，谦和之人是至德之人，正所谓"道生于静逸，德生于谦和"。

《尚书》有言："满招损，谦受益，时乃天道。"一个人在社会上如果总是张扬自我，四处炫耀，刺人眼光，不知谨慎和收敛，引起别人厌恶、反感，招人嫉妒。谦虚之人，品德高尚，让人感到舒服，如沐春风，人皆爱之。

谦虚是众善之基，谦虚的人，既不是自卑，也不是自恋，而是对自我有一种充分的认识，同时又心里装得下他人，他的心必定是宽容的，他的人必定是有涵养的，他的行为必定是有教养的，他的一举手一投足、一言一语必定都是合乎仁义礼仪的都是善的。

谦虚是一种难能可贵的品德，一种海纳百川的胸襟，一种睿智的情怀。

无论在什么场合，人都应保持冷静的头脑，时刻收起你自己锋芒，对待他人始终保持尊敬、谦虚的态度，始终谨记"谦虚纳百福"。

8.谈吐

一个人的谈吐就是一个人的内在，由内向外散发，透露着他的层次，也透露着他的修养。有素养的人谈吐讲究温和、文雅、坦率、大方。良好的谈吐更能促进有效地沟通。

一要悉心倾听，让自己走进别人的心里。学会倾听很重要，一双愿意聆听的耳朵远比一张说话的嘴更受欢迎。不要只想着自己要说什么，不考虑应该响应对方什么。倾听时，要神态专注，不要截断对方的谈话，同时适时地附和，做出回应，用表情、肢体语言或简短的话语向对方传递反馈信息。

二要多听少说。《礼记》里讲："水深则流缓，人贵则语迟。"话多不如话少，话少不如话好。凡有德者必不多言，多言并不表示有才智，还很容易失言。言谈不要口若悬河，畅所欲言，更不要三句话不离自己，没有人有义务倾听只和你自己有关的故事。太爱谈自己的人，未免自负、狭隘，招人厌恶反感。语言一经出口，就不再属于自己，而属于听者的耳朵。说话以简洁为贵，简洁的话语能让人有意犹未尽，余音绕梁之感，会给对方造成更深的印象。

三要控制语音语气。"音由心生、声由人造"，说话的语气、音量，蕴藏着一个人内在的素质和修养。梁实秋先生说："一个人大声说话，是本能，小声说话，是文明。"越是注重文明的人，越在意说话的声音和语气。水深波浪静，人贵声音低。声音越低，磁性越强，语气越柔，德性越足。《窈窕淑女》有句台词："听一个人说话的语气和音量，就能断定他属于什么阶层。"一个有教养、懂礼貌的人，说话柔声细语，温文尔雅，令人如沐春风，这不仅是尊重他人，也是庄严自己。

四要表情动作到位。与人交谈，除了言语措辞要恰当，还要辅以恰当的表情和动作，以提高语言的感染力。说话时表情自然，动作稳重，说话可适当做些手势，但不要过多过大，更不能手舞足蹈，而要开合有度，收放自如。交谈双方距离要不远不近，交谈时适当有眼神的交流，点头示意、手势以及显得轻松而有礼貌的表情、姿势。

五要善言。言为心声，语言是意念有声的表达，反映出一个人的内心世界，是一个人学问和品德的衣冠，也是衡量一个人水平和能力的尺子。语言是一种能量、它可以使人团结，也可以使人分裂；它可以铸成爱，也可以铸成恨。有人言："口能吐玫瑰，也能吐蒺藜。"一句话能暖人心，也能刺伤人心；一句话能把人说笑，也能把人说恼，一句话可以成事，也可以败事；一句话可以很轻，也可以很重。语言是一种磁场，具有生命的活性，与大江湖海一样可以流动，与蓝天虚空一样可以弥漫，充满我们生活的每一个地方，悄悄影响着我们的生活，改变着我们的命运。说话是一种修养，也是一门艺术。我们要敬畏天道，敬畏因果，好好说话，知道该说什么，知道什么时候说，知道对谁说，知道怎么说。语言是有生命的，表达要把握好措辞，在合适的时候说合适的话。急事，慢慢地说；大事，想清楚说；小事，幽默地说；做不到的事，不随便说；该做的事，做了再说；未来的事，到时再说；别人的事，谨慎地说；自己的事，坦诚地说；开心的事，看场合说；伤心的事，不要见人就说；讨厌的事，对事不对人说；没有的事，不要胡说；伤人的事，不说。

9. 形象

叔本华说："人的外表是表现内心的图画，相貌表达并揭示了一个人的整个命运特征。"一个人内心的世界是什么样，他的脸色就是什么样。一个人的形象，包括仪容、仪表和仪态，是一个人心灵和素质的全面展示。看一个人的形象，不仅仅是看颜值、穿衣打扮，更要看他身上所散发出来的气质、气场和精神状态。一个人的相貌里，藏着他的性格、修养、格局，基本可以看出他对人生的态度、品位和层次。良好的形象有助于增强人际间的吸引力，有助于拓展人脉，有助于事业的成功。一个自尊自律的人，十分注重管理和塑造自身的形象。

容貌堂堂。容貌是人的仪表之首，在我们的身体上，没有哪一个部位能比脸更富有表情达意的作用。日本文学家大宅壮一说："一个人的脸就是他的人生履历表，我们从小到大做过的事说过的话，闪光动人之处都点滴积攒于心，从而形成经验的密度、知识的密度、思考的密度。脸就靠这些内在的密度的累积，被一点点改造成与以往不同的形貌。"这就是说，你经历过的苦难，你包容的世事，你走过的岁月，都会历练成睿智、优雅、大气、温柔，成为你一生的面相。你的脸就是你灵魂的模样，性格的呈现，藏着你内在的气质和修养。你要向人传递怡人和美好的精神，就要修养自己，慈眉善目，和颜悦色，面如春花。

服饰要得体。俗话说："人靠衣装，马靠鞍。"衣裳是文化的表征，是人品的显现。美国小说家亨利·詹姆斯说："一个人的房子，一个人的家具，一个人的衣服，他所读的书，他所交的朋友，这一切都是他自身的表现。"一个人的人生状态看他的衣服就知道了，服饰能非常清晰地表现一个人的身份、个性和心理状态等各种信息，能反映出一个人的修养、素质，能窥探出一个人的内心世界。一个有修养的人，注重得体的打扮，穿着朴素、整洁、时尚、优雅，穿出性格和自信，穿出品位和内涵。

举止要威仪。站有站姿，坐有坐相，走有走式。站立要挺直而恭敬，坐姿要端庄而恭正，行走要缓慢而沉稳。一举手，一投足，落落大方，眉眼之间充满自信、坚定、优雅，散发出个人独特的魅力。不故作姿态，不做作。还要注意自己的小动作，一颦、一笑、一顾、一盼，都渗透着你的修养与气质。人们的沟通交流很多是通过姿势、仪表等方式实现，身体语言传递信息的效果有时比有声语言更加强烈。

法国作家伏尔泰说："外表的美只能取悦人的眼睛，而内在的美却能感染人的灵魂。"外表的美只是表象的，仪表、衣着、装饰的美好固然可以给人以美感，而最深层次的美是灵魂的美，它让人由里到外都充满了生命的气息，散发出旷日持久的魅力。

马克思说："与其用华丽的外衣装饰自己，不如用知识武装自己。"如果侧重于外在美，难免流于俗气，多注重内在美，方显雅致。

一个人所表现出的外在气质，其实就代表了这个人的内在修养。言谈举止，会传递一个人的内涵；待人接物，可泄露一个人的素质。北宋文学家欧阳修说："君子之修身也，内正其心，外正其容。"因此，要提升自己的良好的形象，就要修养身心，全面提升自身的品德。

第
六
章

沉浮人生，润身养性

所谓成长，就是去接受任何在生命中发生的状况。即使是不幸的、不好的，也要去面对它，解决它，使伤害减至最低。所谓的成长，所谓的智能，所谓的成熟，都不过如此。

——曹又方

人生沉浮

　　生活，就是朝起暮落的辗转；人生，就是月缺月圆的浮沉。人生犹如海上的扬帆，有顺风，也有逆流；犹如海中的波浪，有波峰，也有波谷。生活的波浪在高峰时，人就会快乐；在低谷时，人便会痛苦，而波浪永远都是忽高忽低的，没有永恒的上扬，也没有永恒的倾泻。所以人生是痛苦与快乐交织并行，二者相伴相生。

　　漫长的人生历程中，有欢声、有笑语，有伤悲、有苦闷，不可能永远是幸福和快乐的，正如自然界中不可能永远是风和日丽，也有着风雨阴晴的更替。在这个过程中，我们体验过快乐，也品尝过苦涩；分享过甜蜜，也独舔过伤口。

　　季羡林先生说："每个人都争取一个完满的人生，然而，自古及今，海内海外，一个百分之百完满的人生是没有的。所以说，不完满才是人生。"

　　人生是由幸福与痛苦组成的一串念珠，是成败得失的聚合体，是五味兼容的调和瓶，这就是我们要面对的人生。

培根说："幸福中并非没有忧愁和烦恼，而逆境中也不乏慰藉与希望。"人生的真正内涵，其实就是在享受幸福快乐与体验苦痛中，使人成熟起来，坚强起来。

没有一帆风顺的人生路，也没有满布荆棘的人生路，有逆境就会有顺境。如果因为顺境而趾高气扬，因为逆境而垂头丧气，都是浅薄的人生。没有比活着更美好的事，也没有比活着更艰难的事，正如莫泊桑在《人生》中所言："人的一生并不像人们所想象得那么好，但也不像人们所想象得那么坏。"

人一辈子都在高潮低潮中沉浮，高潮时不过分紧张，低潮时不过分颓废；浮在上面时不必骄傲，沉在底下时更用不着悲观；欢乐不忘形，痛苦不沉浮；顺境里不陶醉，逆境中不屈服。

富兰克林说："命运的变化犹如月之圆缺，对智者毫无妨害，无损智者大雅。"无论生命给了我们什么，是雨露的滋润，还是阳光的照射；是狂风的吹拂，还是暴雨的敲打，智者都能从容地接受，自然地去享受生命的盛宴，享受高潮与低谷，潇洒地活在生命的起伏之中。

应对困境

"月无日日圆，人无日日顺。"人生哪有事事如意，生活哪有样样顺心。生活在世间，每个人都摆脱不了无常的困扰和束缚。

我们晓得人生的本真含义既包括欢乐与幸运，也包括苦难与不幸；既包括外在的坦途和困境，也包括内在的乐观和悲观。

人生的外在境遇非自己所能支配，自己真正能支配的唯有对一切外在际遇的态度。

1. 坦然面对

活在世上，没有谁的人生，能十全十美；没有谁的一生，能一帆风顺；没有一个人，一生没有坎坷；没有一个人，一世没有痛苦。尘世间，除了从容的大地山川，以及从不懂忧伤的云彩和石头，恐怕没有未曾痛苦的人。

在尘世的屋檐下，有多少人，就有多少事，就有多少痛。在芸芸众生的痛苦里，自己遇到点苦，真的不算什么。

人们从岁月里走过，需要去承担自己这趟人生的经过，风雨也罢，艰辛也罢，要用一种内心的坦荡去面对和担当，生活再难也没有什么了不起，没有停不了的风雨，没有散不了的阴云。

生活里的这些风风雨雨，历练着人们心态的气定神闲。具有成熟心灵的人，当出现在生活中的故事变化时，应持的生存之道是既来之、则安之，以积极的心态坦然面对，从容不迫，应对自如。

奥地利诗人里尔克曾经说过："有何胜利可言，挺住便是一切。"

无论世事如何变化，岁月多么艰难，一个生活的强者，不仅能安住在风平浪静里，而且能挺立在急风暴雨中。在困境面前，懂得承受，懂得坚强，挺起自己的灵魂，调动所有精神力量同苦难和困境做勇敢的抗争，迎难而上，走向胜利。

2. 顺应接受

心理学家荣格说："耐心镇静地接受世事变迁，是最好的处世之道。"

人生是一场艰辛之旅，是一个面对问题并解决问题的过程。面对困苦，用顺应接受的心态才是明智的，其本身就是一种解脱，能给你以更多的机会走向伟大，更多的勇气向着永恒。

这个"接受"并不是软弱，接受它，就是消灭它的力量；对抗它，就给它注入了力量，所以"接受"的力量更强大，远远超过"征服"的力量。

世人身在艰难痛苦中，没有人能替你受苦或解除你的重荷，你唯一的机运就在于你赖以承受痛苦的能力。如果愁容满面，只是因为你在乎，越在乎就越痛苦。只要不在乎，就一根毫毛也伤不了。

快乐和痛苦永存，问题取决于在任何境遇中如何担当命运中种种的问题。

真正的强者在任何时候都保持一种自然的心态，就是放松、开放的心态，在这种心态下，无论什么不尽人意之事，到你身上都会消失，都会被你的力量所融化。

3.经受磨炼

谁都是有痛苦的，不同的人生有不同的痛苦，没有经历过痛苦磨炼的人生是苍白的、无味的和肤浅的。

苍松长在高山上，因为耐得住风吹雨打、严寒侵袭，才会茁壮生长，岁月长青。

每个生命都要接受磨砺，方能让自己的生命更有品质，焕发出光彩。

苏格拉底说："患难及困苦是磨炼人格的最高学府。"

赫胥黎说："没有哪一个聪明人会否定痛苦与忧愁的锻炼价值。"

人生的风雨，是对我们每一个人的严峻考验，考验着一个人的智慧、意志和品质。由于对待困境的态度不同，人世间就有了坚强与懦弱，坚定与无奈之分。

逆境要么使一个人变得更加伟大，要么变得非常渺小，困难从来不会让人保持原样。苦难对坚强者是磨炼，而对懦弱者则是磨难。挫折使顽强的人更加坚不可摧，使软弱的人更加不堪一击。

"宝剑锋从磨砺出，梅花香自苦寒来"，岁月送给你苦难，也随赠你清醒与冷静，经历了苦难的洗礼，人就会变得坚强、傲然，人生所有的艰难都会为你让路。

生活的艰辛，命运的坎坷，其实都是上天赋予我们的宝贵财富。我们最终懂得，生命是一场历练，非同寻常的历练才是人生的资本。人生，要经得起磨砺，挺得起脊梁，担得起责任，吃得起苦头。人活着并不是为了感受痛苦，但要活着却不能不承受痛苦，承受的心有多大，人生的弹性就有多大。活着需要底气，只要有足够的底气，就能托起自己的世界，支撑独立的生命姿态，安时而处顺，笑对生活万变。

泰戈尔说："你的负担将会变成礼物，你受的苦将照亮你的路。"

当你尝遍人间苦味，踏遍人间泥泞，看遍人间悲欢，将外在的磨砺转化为内心成长的力量，将炎凉的世态洗练成宽厚的底蕴。

你受的苦、吃的亏、担的责、受的罪、忍的痛，到最后都会成为光芒，照亮你的路。在这条路上，没有谁可以避得开沧桑，要学会在阳光下灿烂，在经历中成长，在风雨中磨砺，在痛苦中坚强。

4.随遇而安

英国诗人威廉·布莱克说："人生来有欢乐也有悲哀，当我们明白了这点，便可平安地走向世界。"

风光得意总有时，跌宕起伏才是人生。人生无常，随遇而安才是面对无常最正确的态度。

人生不会一直呈现完全顺应心态的状态，随缘便是境界。

一个人精神层次越高的人，心理越健康，心理越健康的人，越会调整心态，选择顺其自然的姿态，顺自然过活，顺自然做人，顺自然面对一切变化。

第一，随遇而安。这个世界是无常的，人生存在着极大的不确定性和不可预测性，世上很多事，不是自己的意愿决定的，世间万物自有其运行的轨迹，只有适应世界、顺其自然，随遇而安才是最好的态度。人生最高级的活法，莫过于随遇而安。随遇而安，允许一切存在，生活给予什么，就接受什么，无论你处于什么境遇，你的心都不会为之而失衡，不会因为外界事物的改变而发生改变。"随遇"就是在生活中、命运中随时遇到的事，"安"就是安于内在，身安、心安。身安是一种状态，心安是一种境界，唯有"身心皆安"，才是真正的幸福。随遇而安是人生历经岁月沉淀、风雨打磨之后，胸怀愈发宽阔，一切安然处之，忙也安然，闲也安然；晴也安然，雨也安然；丰也安然，欠也安然；来也安然，去也安然；成也安然，败也安然。作家林清玄说："活在苦中，也活在乐里；活在盛放，也活在凋零；活在烦恼，也活在智慧；活在不安，也活在止息，这是面对苦难的生命最好的方法。"人们无法左右事情的发展，真正有智慧的人，不论遇到什么，面对怎样的境况，都能坦然接受，淡然面对，随缘自适，不为人世浮沉所困顿，不被凡尘纷扰而忧心。当你放开心灵的枷锁，像天上的白云、地上的流水那样，顺应自然、顺应生活，就会活出一份超然物外的心境，如行云般自在，如流水般洒脱，如花香般自如，如明月般映现。

第二，要培养一颗平常心。平常心就是本来的心、自然的心，是一颗宁静而智慧的心。平常心就是说一个人面对世事，经得起贫富、高下、苦乐、荣辱、得失、易难境遇，无论外界发生什么，都能从容应对，以乐天豁达的胸怀和境界去对待生活中的一切。人生海海，沉浮是常事，当你看清了无常，一切都只是寻常。人生遇到各种机缘、美事、挫折、诱惑等都是依靠修心来帮助自己度过的。当你开心时，记得乐极生悲；当你苦楚万分时，记得苦尽甘来；当你春风得意时，记得盛极必衰；当你深感困境时，记得阳光总在风雨后；当你成功时，记得没有永远的常胜将军；当你失败时，记得失败乃是成功之母；当你富裕时，记得金钱不是万能的；当你贫寒时，记得安贫乐道也是一种境界；当你得到时，记得有得必有失；当你失去时，记得失而复得更欢喜。总之，以平常心对待无常，超然物外，无所谓残缺，无所谓圆满；以平常心对待生活，生活无处不是鸟语花香；以平常心对待人生，人生无处不是风平浪静；以平常心观不平常事，则事事平常，可以稳步行走在人生大道上。

第三，要有应变能力，从容地寻找应对进退之道。古语云："伸缩进退变化，圣人之道也。"人生之路漫长而曲折，在前进的路上，不仅需要前行的勇气，还需要转弯的智慧。天下没有一条笔直的道路，弯弯曲曲才是它的真实面貌。《处世悬镜》中讲："水曲流长，路曲通天，人曲顺达。"要想与时俱进，到达目的地，就必须善于应变，沿着弯曲的道路前行。

当代社会，人们身处的环境远比想象得要复杂得多，外面的世界你无法控制，你所面对的一切，不管好的坏的，不管顺的逆的，不管喜的悲的，一切都在于你如何接纳。接纳是转变的开始，是希望的开始，是美好的开始，是一切的开始。陆游说："山重水复疑无路，柳暗花明又一村。"在岁月的征程中，要学会转弯，以应对各种环境和变化，心态转个弯，一切皆释然，思想转个弯，一切都变得开阔，人生转个弯，峰回路转，柳暗花明。为让自己活得轻松些，心累的时候，换个角度看世界；压抑的时候，换个环境深呼吸；困惑的时候，换个位置去思考，烦恼的时候，换个思维去排解，用顺其自然的心态，过随遇而安的生活。

德根于心

道德是生命的本质。老子说："修之于身，其德乃真。"道德如果不修之于身，就成为一个空名，修之于身，道德才有真实意义。

心性修持大道生，道德修持身体康宁。唯有以道德修身，使德行品格与能量不断提升，才能使生命质量得以升华，从而健康长寿，家庭幸福，社会和谐。

做人做事的德行和一生的福报是连在一起的，息息相通的。所以，在生活中，就要坚守德行，把道德操守作为做人的根本，起心动念不离道德，一言一行体现道德，一点一滴遵循道德。

中国儒家的思想一贯都在追寻大道、探寻大道、践行大道。大道就是仁义、德行。道之以德，仁义礼智信就是天下的大道。

孟子曰："君子所性，仁义礼智根于心。"君子的本性"仁义礼智"都是根植于内心的。仁的博爱，是温柔宽厚的心。义的浩然，是刚毅正直的心。礼的和美，是恭敬和谐的心。智的明辨，是明哲睿智的心。信的诺言，是天下至诚的心。人要养仁爱之心、敬礼之心、善良之心，仁义礼智信俱足，福禄寿圆满也。

　　仁，就是爱人。孔子曰："仁者爱人。""仁"的本质是爱，它是道德的核心。爱是生命真善美的表达，是仁德内在的品质，是仁慈上善的品行。君子要有爱人之心，爱自己、爱亲属、爱别人、爱人类、爱生命。仁之根本是"孝悌"，爱父母、爱亲人、爱他人。为仁之方是"忠恕"，"忠"是尽心诚意，为自守之德；"恕"是尊敬对方，为待人之道。"己欲立而立人，己欲达而达人""己所不欲，勿施于人"。仁是道德、信仰和信念，是人之所以为人的根本特性，是"以人为本"的精神资源。

　　义的本义指合宜，即合于仁的行为。孟子曰："仁者爱人，义者宜也。"基本含义就是追求合情、合理、合法，正义、公正、公平。善恶、是非、真伪用义字来判断，知道什么事该做，什么事不该做，怎么做得体、怎么做不得体。行义要做到有为有不为：应该做的事，必须去做，这就是"有为"，不应该做的事必不能做，这就是"有不为"。

　　礼是礼貌、礼节、礼仪。礼是一种维护社会秩序的准则，是人们一切行为的道德规范。孔子曰："克己复礼为仁。"即克制自己的私欲，使自己的一切言行都合乎礼，达到仁的境界。礼最重要的方面是"礼义"，就是礼的规范所体现的德。仁的精神是"爱"，礼的精神是"敬"。仁和礼为里表关系，仁是礼的内在依据，礼是仁得以实现的外在规范。如何遵礼、行礼呢？孔子说："非礼勿视，非礼勿听，非礼勿言，非礼勿动。"不合礼的事不看，不合礼的话不听，不合礼的话不说，不合礼的事不做。要求我们视听言动，看什么、听什么、说什么、做什么，都要符合礼，都按照道德礼仪规矩去做。在社会交往中，富者有礼高贵，贫者有礼免辱，父子有礼慈孝，兄弟有礼和睦，夫妻有礼情长，朋友有礼义笃，社会有礼祥和。

智，既指知识，又指智能。好学、博学才能称为智者，没有智慧根本做不了仁者，有智慧的人才能学以成德，以智行仁。智慧，不仅了解天地之道，通晓万物之律，还洞悉人世之理，它能让人们分辨是非善恶，不然义、礼无法履行。

信，指的是诚信。诚是讲"真实无妄"，"信"就是守"诚"。诚是信的内在基础，信是诚的外在表现，人言为信，言与行合一才能称得上信。凡人要讲信用，信是一切伦理道德的根本，信是做人的基本原则。守信就要实事求是，尊重客观实际和信守礼法。

总之，人在社会生活中需要更多的精神动力，需要文化，而人的精神支柱来自内心对道德的信仰，相信仁、义、礼、智、信的力量。仁为温和慈爱，得天地生养万物之相；义为决断事物、调理事物，使万事合宜；礼为区分长幼尊卑，上下君臣；智为明辨是非，格物明理；信为老实不欺，实在认真，脚踏实地。

人的一生肯定和人的眼界、气度、行为相关，只要认真修行，在人心中植入道德的力量，遵行仁义礼智信，得到心灵、品性和精神的提升，成就了人格，就安然自在，道路宽广。

后记

　　本书引用了很多先贤名言，也借鉴了中外哲人的智慧精华，在此谨向各位专家、学者致以真挚的谢忱！我衷心感谢、感激、感恩所有古今中外给我的灵魂以滋养的思想家、哲学家、文学家，是他们启迪和引导我多年来孜孜不倦、持之以恒地获取知识、积累和运用知识，这深厚的恩泽我永志不忘！

　　本书在写作的过程中，得到了许多亲朋好友的关心和支持，在编辑、修改等方面，米兰、杨虹、钮敏、徐梦玲、杨桂香给予了很多的建议和帮助，米加进行了排版及封面设计，妻子米惠荣生前曾给予大力支持，在此向他们致以诚挚的谢意！

　　由于本人才疏学浅，再加上个人的认知水平和看问题的角度有限，难免有很多不足之处，敬请广大读者不吝赐教。